油气勘探与开发实验教学中心实践教学指导系列丛书

勘查技术与工程
实验指导书

付建伟　宋 炜　高 杰　王守东　主编

中国石油大学出版社

图书在版编目(CIP)数据

勘查技术与工程实验指导书/付建伟等主编. —东营：中国石油大学出版社，2009.6

ISBN 978-7-5636-2356-3

Ⅰ. 勘… Ⅱ. 付… Ⅲ. 地质勘探—实验—高等学校—教学参考资料 Ⅳ. P624-33

中国版本图书馆 CIP 数据核字(2009)第 069580 号

中国石油大学(北京)规划教材

书　　名：勘查技术与工程实验指导书
作　　者：付建伟　宋 炜　高 杰　王守东

责任编辑：李　锋　王金丽（电话 0532—86981532）
封面设计：赵志勇

出 版 者：中国石油大学出版社（山东 东营　邮编 257061）
网　　址：http://www.uppbook.com.cn
电子信箱：shiyoujiaoyu@126.com
印 刷 者：青岛星球印刷有限公司
发 行 者：中国石油大学出版社（电话 0532—86981532，0546—8392563）
开　　本：185×260　印张：4　字数：84 千字
版　　次：2009 年 6 月第 1 版第 1 次印刷
定　　价：6.00 元

前　言

PREFACE

勘查技术与工程专业是国家重点学科（培育）地球探测与信息技术专业的本科专业，包括地球物理测井和地球物理勘探两个方向，作为石油行业的主干学科，在油气田勘探和开发中占有重要的位置。

为了适应新的形势，培养合格人才，中国石油大学（北京）曾立项加强专业教学体系、课程体系、实验和实践教学体系建设，取得了丰硕成果。作为其成果的一部分，我们不断完善和发展了实验教学方法和内容，本教材就是其重要的成果之一。

本教材包括地球物理测井部分和地球物理勘探部分两个方面的内容，其中地球物理测井方法原理实验和地球物理测井资料处理与解释实验是与“地球物理测井方法原理”和“地球物理测井资料处理与解释部分”相配套的内容，适用于勘查技术与工程专业的本科教学实验，同时，对于地质工程、石油工程等相关专业开设的“地球物理测井”课程所设置的部分实验，可以根据学时安排参考本教材。地球物理勘探方向包括地球物理专业实习、地震资料数字处理实习和地震资料解释实习三方面的内容，分别是在学习完“地球物理勘探原理”、“地震资料数字处理”和“地震资料解释”课程后所开展的实践教学环节。

本实验教材由勘查技术与工程专业学科组编写，地球物理测井方面由付建伟和高杰完成，宋炜、王守东、李国发和陈小宏参加了地球物理勘探方向的编写工作。

在教材编写过程中，我们参考中国石油大学（华东）、大庆石油学院、长春地质学院、江汉石油学院、中国地质大学（北京）等高校同类专业实验课程设计和实验指导书，吸取了众多教材的内容，在此表示衷心的感谢。

本实验教材的编写得到了中国石油大学（北京）资源与信息学院领导、测井中心、信息与地球物理系各位老师的帮助，在此表示衷心的感谢。

由于时间关系，编者水平有限，尚存在不足之处和尚需完善的地方，敬请专家、同行、同学们批评指正，以待再版时修改。

编　者

2009 年 4 月

目录

CONTENTS

地球物理测井方法原理部分

地球物理测井资料处理与解释部分

地球物理勘探部分

地球物理

测井方法原理部分

实验一 模型井中普通电阻率曲线测量

一、实验目的

(1) 本实验通过室内模型井的实验测量，学习、了解普通电阻率测井原理、测井方法。

(2) 通过模型井中普通电阻率测量，定性了解不同电极系数测量普通电阻率曲线的差异，加深对电法课程的学习、理解。

二、实验原理

普通电阻率测井，是把电极系放入井内，测量井下一定范围内地层的电阻率，用自动记录测井仪连续记录地层电阻率随井深的变化，所记录的测井曲线称为电阻率曲线，用以研究钻井所钻过的地层剖面和划分油、气、水层。

普通电阻率测井的基本测量原理是：将电极系放入模型井中，由 A，B 电极供电，M，N 电极测量(可采用双供电电极系或单供电电极系，详见图 1)。在供电电流恒定的情况下，普通电阻率 R_a 与 M，N 之间的电位差成正比，即：

$$R_a = K\frac{\Delta V_{MN}}{I}$$

式中：K——电极常数，$K=A/L$。

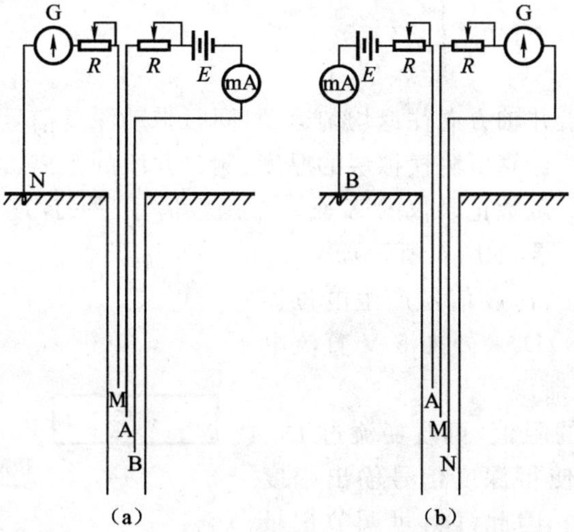

图 1 测定岩层电阻率原理线路

(a) 双供电电极系；(b) 单供电电极系

M，N—测量电极；G—测量仪器；mA—测量电流仪表；E—供电电流；R—调节电阻

测量时可用以下单位表示：ΔV，毫伏(mV)；I，毫安(mA)；A，平方米(m^2)；L，米(m)；

则电阻率的单位是欧姆米(Ω·m),K 的单位是米(m)。

实验证明,用同一个电极系,采用双电极供电或单电极供电,其测量结果完全一样,称为互换电极系。因此在测井过程中,采用任何一种电极系排列都可以。

在实际的测井中,采用一定尺寸和类型的电极,所测得的某一种不均匀介质的视电阻率,是一种假想均匀各向同性介质的电阻率。其视电阻率的大小与电极系附近地层的电阻率及其厚度、倾斜、井径、泥浆电阻率以及侵入带电阻率等因素有关。

介质愈不均匀,测得的视电阻率与岩层真电阻率的差别愈大;只有在均匀介质中,视电阻率才与真电阻率相同。

三、实验内容

(1) 首先选定电极系的类型、尺寸,进行模型井中视电阻率曲线的测定;

(2) 对测得的曲线形状、差别进行对比分析;

(3) 变换测量电极系的尺寸规格,观察曲线形状的变化。

四、实验设置

在测井中,井中介质的分布有一特点,即以井轴为中心,对称地分布在周围。根据这一特点,我们可通过井轴作一平面,将介质对称地分成两半,这对于研究电场的分布规律不会产生任何影响。模型井就是根据这一原理设计的。在模型井中,用具有一定矿化度的水溶液模拟井眼中的泥浆——导电介质,用石蜡制成不同厚度的、作为模拟地层的高电阻率层。制作的石蜡地层厚度分别为 5 cm,8 cm,20 cm,分别模拟高电阻率地层的薄层、中厚层、厚层。石蜡地层在其一半的端平面中间开有一半圆槽口——模拟井眼,电极系测量时,从槽口内通过。模型井内布有接地电极,在实验中作 B 电极或无限远电极。

模型井实验装置如下:

(1) 摇手。

作为牵引电极系沿井轴方向往返均匀运动,同时带动深度信号发生器同步运转,一是可根据设定的深度比例计算所测模拟层的厚度、测量井段的距离,二是深度信号提供给实验中记录仪器——X-Y 函数记录仪的 X 轴一个函数信号——深度信号。

(2) 深度信号发生器(如图 2 所示)。

有比例电位器 D_{W1}、深度信号产生电位器(精密多圈镙旋电位器)D_{W2}、外加 5 V 直流电压,组成深度信号源生器。

改变电位器 D_{W1} 的阻值,可改变流过 D_{W1} 的电流,电流的增减,使得深度信号输出幅度成比例地增大或减小。因此,D_{W1} 可调节记录仪记录曲线的深度比例。比如,采用深度比例为 1∶10,则记录仪的记录笔沿 X 轴移动 1 cm,那么,电极系在模型井的井轴方向移动 10 cm。

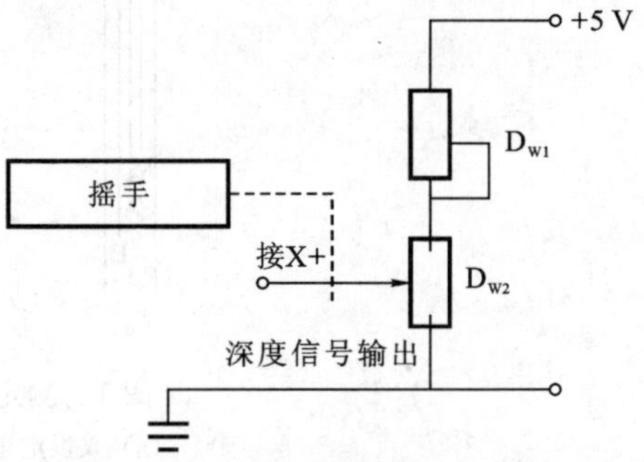

图 2　深度信号发生器原理线路

图 2 所示电路中的深度信号输出端接入到 X-Y 函数记录仪的 X 轴的正、负端子。D_{W2}的滑动端上安有滑动轮，由摇手带动同步旋钮旋转。使 D_{W2}滑动端的位置与深度保持同步，并成线性关系。改变 D_{W2}的滑动端的位置，即可改变输出给 X-Y 函数记录仪 X 道记录信号的大小，由此控制记录笔沿 X 方向的移动。

(3) 供电电源。

为了防止极化电位对测量造成的影响，本实验采用文氏电桥振荡器生成低频的正弦波信号，并串接一较大电阻。在测量电阻远小于恒流电阻的情况下，供电电流近似于恒流源，分别供电至 A,B,测量电极两端的电压就与测量的电阻成正比，其测量电压送入精密整流电路，得到直流信号送记录仪。

(4) X-Y 函数记录仪。

X-Y 函数记录仪是一种通用的自动记录仪，它可在坐标轴上自动绘制两个电量的函数关系，即 $Y=f(X)$。在本实验中，将测井信号 ΔVMN 由函数记录仪的 Y 轴输入端子输入，深度信号由函数记录仪的 X 轴输入端子输入。这样，函数记录仪可自动绘制出随深度变化的，在模型井测得的视电阻率曲线。

本实验采用国内新型的 L-20 自动 X-Y 函数记录仪。该仪器的详细技术说明及仪器操作规程见仪器说明书。

五、实验步骤

(1) 调整电极系尺寸，按测量线路的连接方法，将所有的测量仪器等一一连接好。经教师检查确认无误后，可开启测量仪器的电源开关。

(2) X-Y 函数记录仪经一段时间预热后，即刻接通测量开关。“Y 轴”量程开始先旋转到量程挡。然后，根据记录曲线幅度的大小，逐挡调节，直至清晰适宜为止。“X 轴”量程开关调节到适当位置，调节深度比例发生器 D_{W1}电位器，并移动电极系，使之达到成比例的深度信号。开始要调节设定记录笔零位置。然后，将记录开关扳至“记录”位置上，记录笔落下，即可进行测量。

(3) 图 3 所示为设定四种不同的电极系所测得的视电阻率曲线。

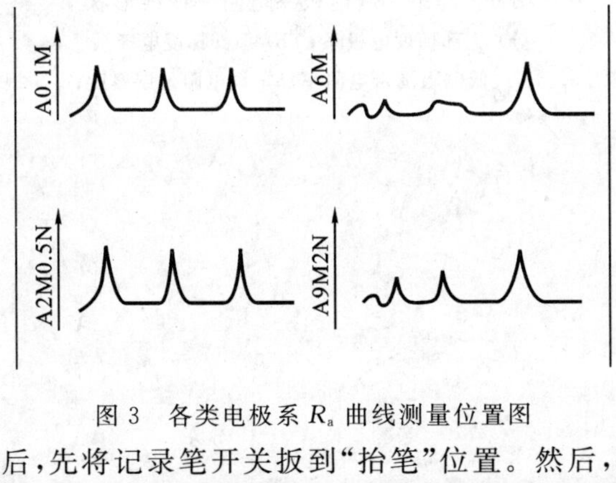

图 3　各类电极系 R_a 曲线测量位置图

一种电极系测完后，先将记录笔开关扳到“抬笔”位置。然后，将电源控制开关扳至“关”位置，等待下一种电极系视电阻率曲线的测量。重复前面的操作，直至测完。

六、实验要求

(1) 对测得的视电阻率曲线进行对比分析。

(2) 在模型井中,电极系的不同对测量的视电阻率曲线有何影响?分析影响因素。

(3) 模型井水溶液的矿化度不同,对测量结果有无影响?

附录:

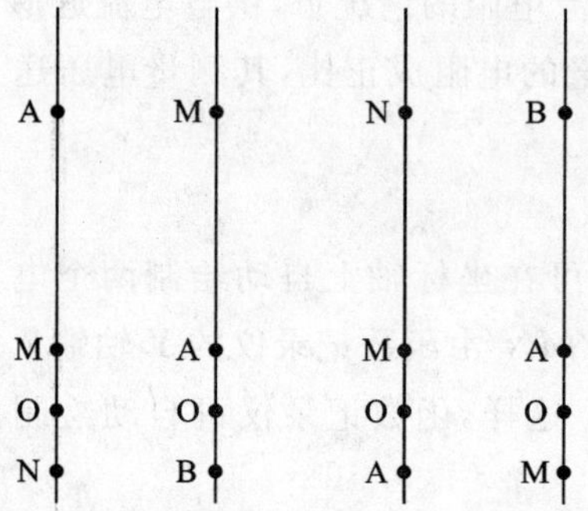

图 4 电极系分类

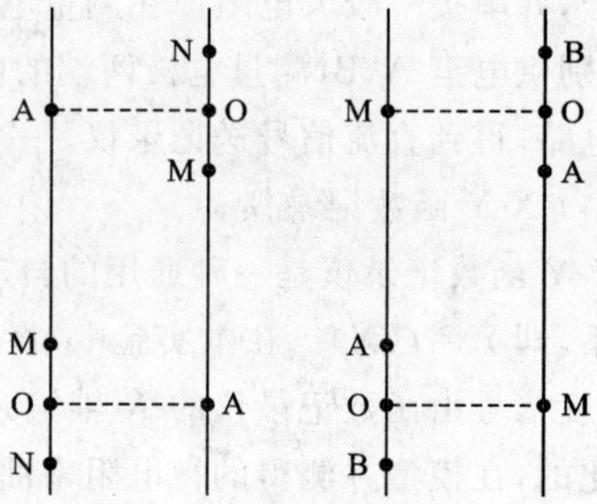

图 5 电极系的另一种分类

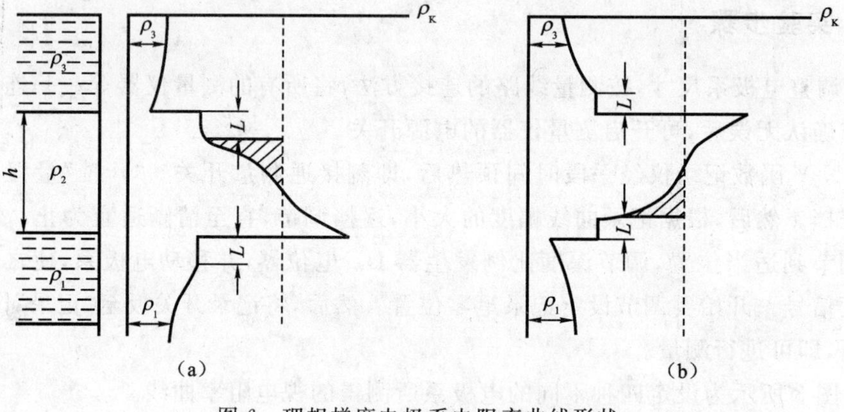

图 6 理想梯度电极系电阻率曲线形状

(a) 底部梯度电极系;(b) 顶部梯度电极系

ρ_2—高电阻地层电阻率;ρ_1,ρ_3—低电阻围岩电阻率;h—高电阻地层厚度;ρ_K—视电阻率;L—电极距

实验二 普通电阻率测井中屏蔽影响的测定

一、实验目的

定性地了解高阻层对目的层的屏蔽影响。

二、实验原理

单电极一方的高阻层可使目的层 R_a 升高或降低，前者称为高阻屏蔽，后者称为减阻屏蔽。因为单电极靠近高阻层时，它迫使电流向记录点方向流动，使 R_a 升高，离高阻层愈近影响愈大；而当单电极在高阻层之上时，高阻层又使流向记录点的电流减少，使 R_a 降低。而在成对电极一方的高阻层，因它在电极系探测范围之外，原则上没有什么影响，但如果太靠近，则会使 R_a 降低。如图 1。

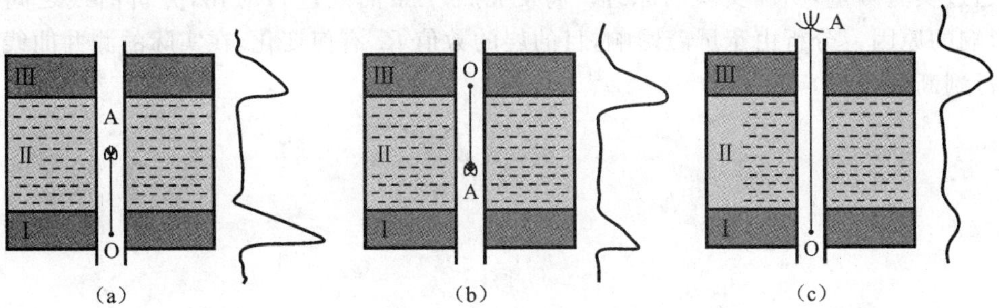

图 1 高阻屏蔽影响示意图

(a) 增阻屏蔽；(b) 增阻屏蔽；(c) 减阻屏蔽

三、实验内容

本实验要求测三条视电阻率曲线，以观察地层屏蔽影响。实验时改变高阻层与目的层的距离，观察高阻层对目的层的屏蔽影响的曲线特点。夹层厚度(即水层厚度)可通过调节两个石蜡层之间的距离来改变。夹层厚度可分别选择 50 cm，15 cm，4 cm。

四、实验设置

实验设备及实验仪器、装置的连接与“模型井中普通电阻率曲线测量”实验相同，实验仪器、装置的连接要在教师的指导下进行。

五、实验步骤

(1) 连接实验线路，检查确认无误后，开启直流稳压电源开关、X-Y 函数记录仪开关。

(2) 关闭供电电流，可记录基线位置，通过 X 轴调零旋钮走“基线”即零线。调 X 轴的调零旋钮，对准某一个“深度”线，便可进行测量工作。一条曲线测完后，关闭稳压电源开关，调 X 轴的调零旋钮，沿“基线”走一段，关闭“记录”旋钮，再开始下一条曲线的测量。每条曲线的始末均应记录“基线”和“刻度线”，三条曲线的测量可参考图 2 所示的在记录纸上的位置。目的层与屏蔽层的厚度分别为 10 cm，6 cm。

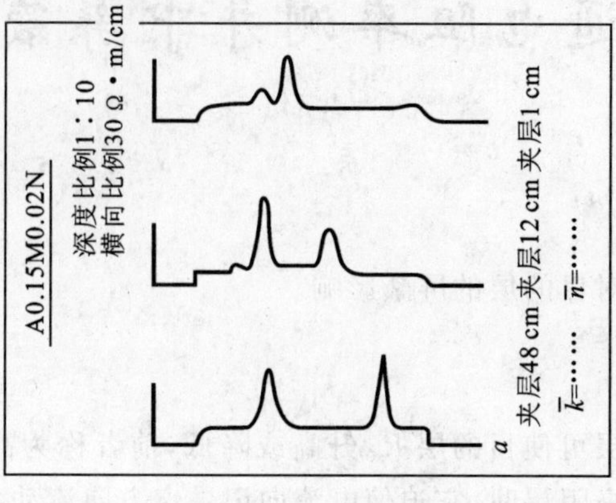

图 2　定量测定屏蔽影响的 R_a 曲线图

六、实验结果分析

通过实验测量，明确实验的原理。将测得的三条曲线进行对比，分析曲线之间的差异、影响的原因。分析由于屏蔽影响，目的层的数值 R_a 有何变化，在实际的测井曲线上如何进行判断和解释。

实验三　感应测井复合线圈设计实验

一、实验目的

(1) 了解双线圈系和复合线圈系的 Doll 几何因子的理论推导过程。

(2) 了解复合线圈系的设计方法。

二、实验原理

1. Doll 几何因子理论概述

假设单元环的电磁场之间不发生相互作用;假设电磁波瞬间便可通过地层。

① 线圈系周围的介质是由无数个单元环组成的。

② 发射线圈引起的涡流分别在单元环中存在。

③ 每个单元环都单独存在,且在接收线圈中产生有用信号 de(感应电动势)。

④ 接收线圈中有用信号 V_r(感应电动势)是所有单元环的有用信号 de 之和,即

$$V_r = \sum de = \int_{\text{全空间}} de$$

2. g 的计算

$$g = \frac{r^3 \sum_{j=0}^{l} \frac{n_{Tj}}{\rho_{Tj}^3} \sum_{k=0}^{m} \frac{n_{Rk}}{\rho_{Rk}^3}}{2 \sum_{j,k=0}^{l,m} \frac{n_{Tj} n_{Rk}}{\rho_{Tj}^3 \rho_{Rk}^3}}$$

3. 横向微分几何因子的计算

$$g_r(r) = \int_{-\infty}^{+\infty} g(r,z)\mathrm{d}z = \frac{\sum_{j,k=0}^{l,m} \frac{n_{Tj} n_{Rk}}{L_{jk}} g_{rjk}(r)}{\sum_{j,k=0}^{l,m} \frac{n_{Tj} n_{Rk}}{L_{jk}}}$$

4. 横向积分几何因子的计算

$$G_r(r) = \int_{0}^{+\infty} g_r(r')\mathrm{d}r' = \frac{\sum_{j,k}^{l,m} \frac{n_{Tj} n_{Rk}}{L_{jk}} G_{rjk}(r)}{\sum_{j,k}^{l,m} \frac{n_{Tj} n_{Rk}}{L_{jk}}}$$

5. 纵向微分几何因子的计算

$$g_z(z) = \int_{0}^{+\infty} g(r,z)\mathrm{d}r = \frac{\sum_{j,k}^{l,m} \frac{n_{Tj} n_{Rk}}{L_{jk}} g_{rjk}(z)}{\sum_{j,k}^{l,m} \frac{n_{Tj} n_{Rk}}{L_{jk}}}$$

6. 纵向积分几何因子的计算

$$G_z(z)=\int_{-z}^{+z} g(z')\mathrm{d}z'=\frac{\sum\limits_{j,k}^{l,m}\frac{n_{Tj}n_{Rk}}{L_{jk}}H_{rjk}(r)}{\sum\limits_{j,k}^{l,m}\frac{n_{Tj}n_{Rk}}{L_{jk}}}$$

三、实验内容

(1) 0.8 m 双线圈系的 Doll 几何因子图形绘制，实验结果如图 1 所示(参考)。

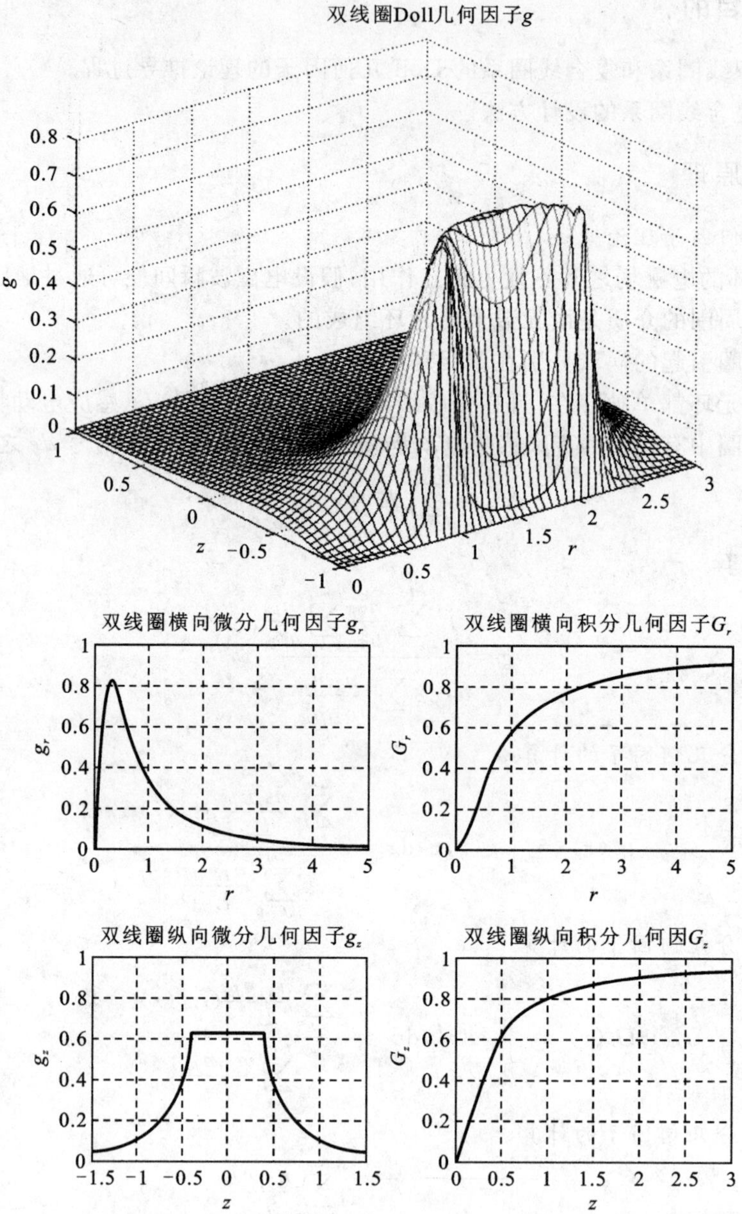

图 1

(2) 标准六线圈系的 Doll 几何因子图形绘制(图 2)。

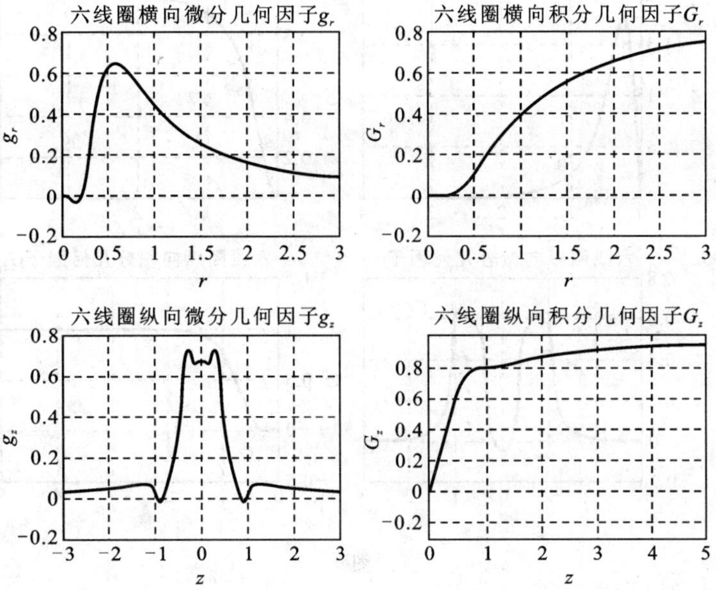

图 2

(3) (过补偿)改变匝数六线圈系的 Doll 几何因子图形绘制(图 3)。

$n(1)$,$n(2)$,$n(3)$分别为补偿线圈对、主线圈对、聚焦线圈对的匝数,$n=[-100, 100, -7]$。

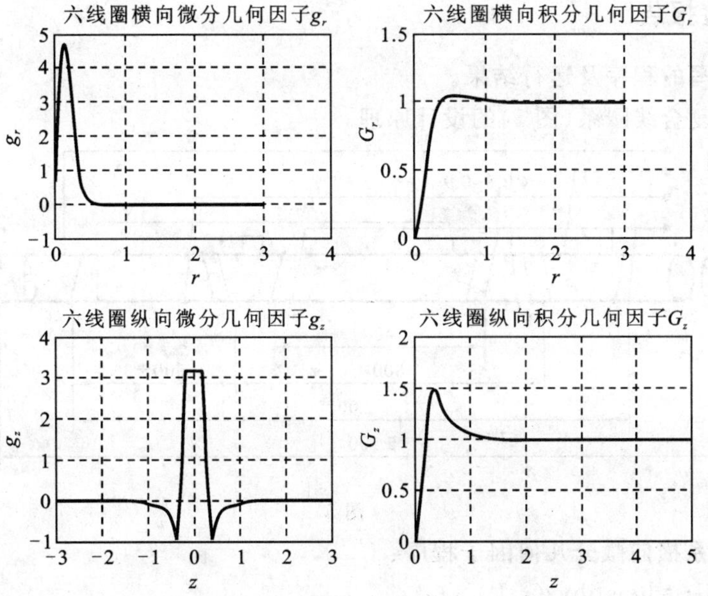

图 3

(4) (过聚焦)改变匝数六线圈系的 Doll 几何因子图形绘制(图 4)。

$n(1)$,$n(2)$,$n(3)$分别为补偿线圈对、主线圈对、聚焦线圈对的匝数,$n=[-25, 100, -100]$。

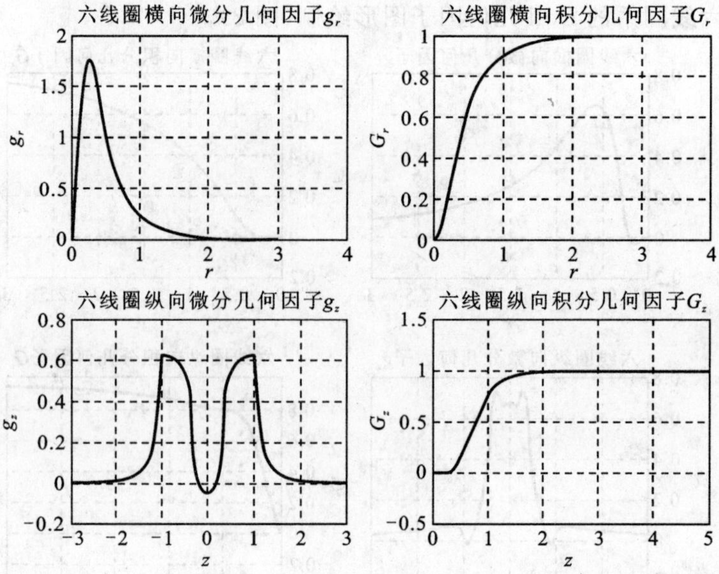

图4

四、实验要求

(1) 改变线圈匝数,分析复合线圈系的纵向和横向探测特性。

(2) 改变线圈距大小,分析复合线圈系的纵向和横向探测特性。

五、实验报告

(1) 附编写的程序及运行结果。

(2) 分析复合线圈系(图5)的设计原理。

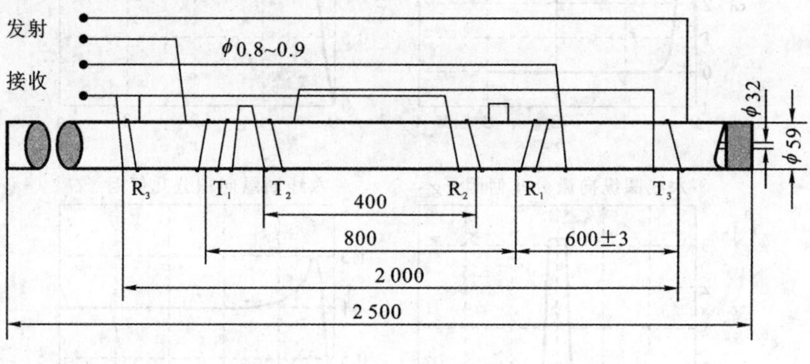

图5

附双线圈系横向微分几何因子程序:

```
function Gr=hxwfjhyz(r,L)
yeta=r/L;
k=1./sqrt(4*yeta.^2+1);
for p=1:length(k)
    FKk=@(thita)1./sqrt(1-k(p)^2*sin(thita).^2);
    Kk=quadl(FKk,0,pi/2);
```

```
FEk=@(thita)sqrt(1-k(p)^2 * sin(thita).^2);
Ek=quadl(FEk,0,pi/2);
Gr(p)=1-0.5 * (1+k(p)^2) * Ek/k(p)+0.5 * (1-k(p)^2) * Kk/k(p);
end
```

实验四　滑行波观察及声波时差测量

一、实验目的

(1) 在实验室内的声波实验装置上观察滑行波的产生以及后续波的整个波列。

(2) 计算玻璃钢筒的声波时差速度。

(3) 加深理解声波时差测井原理。

二、实验原理

在实验装置——玻璃钢筒内盛以变压器油，在长的圆筒内放置声波发射探头 T 和接收探头 R_1,R_2。当发射探头发出声波脉冲时，由于变压器油的声速(约为 1 425 m/s)低于玻璃钢筒的声速(约为 2 630 m/s)，因而有可能在变压器油和玻璃钢筒的交界面上产生滑行波纵波；当接收探头和发射探头间距足够大时，此滑行波纵波将作为接收探头接收到一系列波的纵波，并可在声波测井仪面板上的示波器屏幕上观察到。

三、实验装置

1. 玻璃钢筒

模拟井筒由声波测井仪外壳——玻璃钢材料加工制成，由它来模拟实际测井时的地层井筒。外径 ϕ103 mm，内径 ϕ90 mm，总长度 1 500 mm。声波声系如图 1 所示，它主要由 1 个声波发射探头、2 个声波接收探头、3 个声波探头支架、1 个声系支架和 3 个声系扶正架组成。

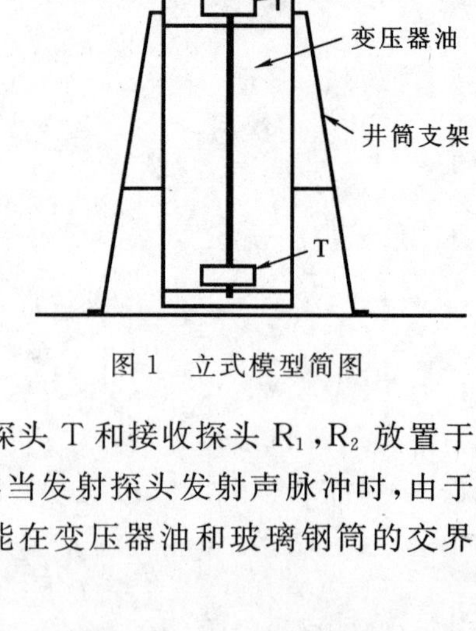

图 1　立式模型简图

发射探头用于将高压电信号转换为强声波信号。接收探头用于接收从井筒中传来的各种声波，并将其转换为电信号输出。

声系支架是用硬塑料管加工制成，用于固定声波探头、声系扶正架、电线等。为了确保声波不会沿该管传播，在其上交错地刻有许多槽，使声波在沿管传播过程中不断反射，降低其能量，使其不能到达接收探头。

玻璃钢筒内注入有足够量的变压器油，声波发射探头 T 和接收探头 R_1,R_2 放置于变压器油中，相互间隔一定的距离，采用单发双收。这样当发射探头发射声脉冲时，由于变压器油声速 $v_{油}$ 低于玻璃钢筒的声速 $v_{筒}$，因此，有可能在变压器油和玻璃钢筒的交界面上产生滑行纵波。当发射探头“T”和接收探头 R_1,R_2 之间距离选择足够大时,滑行波将作为接收探头接收到一系列波的首波,并可在测井仪器的地面仪器面板示波器屏幕上观察到。

2. 声系

发射探头 T 和接收探头 R_1,R_2 在声波测井仪器中称为声系。

发射探头的作用是将电能转换成声能发射声波;接收探头的作用是接收声波,将声能转换成电能。

由于晶体结构上的特点,当在晶体的两侧界面上不断施加压缩力或拉伸力时,晶体界面的两侧间将产生交变电压,其极性和大小随外力的变化而变化。我们把晶体界面受外力作用的变化而产生交变电压现象称之为晶体的压电效应。

晶体的压电效应是可逆的,这是压电晶体的固有特性。即当在晶体的界面两侧加以交变电压时,晶体将沿一定方向产生伸长或缩短的形变,当我们对晶体施加以机械力时,它又会有交流电脉冲输出。晶体的这种性质称之为晶体的逆压电效应。

发射探头则是利用了晶体的逆压电效应,将电能转换成声能。发射探头呈圆筒状,在其径向界面两侧加一脉冲电压,则探头沿径向方向伸长或压缩,产生机械振动,发射出声波。

接收探头则是利用了晶体的压电效应,将声能转换成电能,其结构与发射探头相同。当声波信号到达时,接收探头的径向界面受到压缩力或拉伸力的作用,在内外界面之间产生交变电压,然后输送到电子线路,加以测量。

天然晶体成本比较高,目前广泛采用的是人工制造的晶体。声波测井仪器中的发射探头和接收探头均采用人工制造的锆钛酸铅压电晶体。在制作过程中由于配方和工艺的不同,发射探头有较大的发射功率,接收探头有较高的接收灵敏度。

发射探头和接收探头均呈圆筒状(如图 2 所示),选择探头直径和高度的原则也基本相同。发射探头的高度决定所发射声波范围(用发射高 a 表示),探头越高,发射范围越小,反之亦然。一般是根据对发射声波的范围要求来确定探头的高度。接收探头的高度则要求短一些,使其有更大的接收灵敏度。发射探头的直径决定发射的声波频率,直径越大,声波频率越低,反之亦然。从声速测井的需要和大量实验证明,希望频率低些好,因频率越低,声波在介质中传播时能量衰减就越小,接收到的滑行波的振幅就越大,这样便于准确地测量。但频率也不能太低,太低了则发射探头的直径增大,这又受到下井仪器规格的限制。目前使用的声波探头直径为 50 mm,发射的声波频率为 20 kHz。发射探头与接收探头直径一样。探头的固有频率均相同,这样能够提高接收信号的幅度。

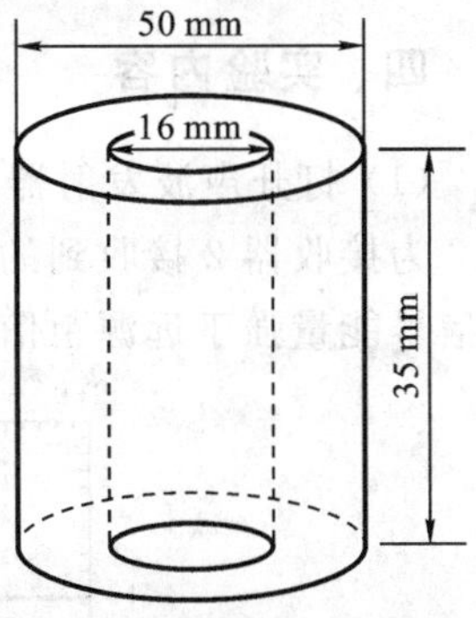

图 2

3. 源距和间距的选择

(1) 源距的选择。

为了使滑行波首先到达接收探头,要求源距选择得大些,但源距太大不但接收到的声波信号会变弱,同时井下仪器要增加长度,不利于下井仪器的设计规格和测井工作的进行。因此,在保证滑行波首先到达接收探头的前提下,选择最小的源距是仪器设计必须考虑的。所谓最小源距用"$L_{\min}$"表示，是指在声速最慢的地层段，使滑行波首先到达接收探头时所对应的源距，它的大小除与地层的最慢声速（$v_{地\min}$）有关外，还与井径 D、探头直径 d 等因素有关。其关系式为：

$$L \geqslant (D-d)\frac{\sqrt{1+\beta}}{\sqrt{1-\beta}}, \qquad \beta = \sin i = \frac{v_{泥浆}}{v_{地\min}}$$

若 $v_{泥浆}=1\,500$ m/s，$v_{地\min}=1\,800$ m/s，$D=0.22$ m，$d=0.06$ m，则，$L_{\min}\geqslant 0.53$ m。

一般考虑到井径的不规则，井壁地层由于钻井泥浆的浸泡使得声速变低等因素的影响，选择的源距比理论计算的最小源距要大些，目前国产的声波速度测井仪器源距选择在 1 m。

(2) 间距的选择。

双接收探头声速测井仪，是测量滑行波通过厚度等于间距（ΔL）的一段地层时的速度。测井仪实际记录的是滑行波传到接收探头 R_1，R_2 的时差，即间距 ΔL 一段地层的声波时差。因此间距的大小决定时差曲线分层能力的好坏。间距越小，分层能力越高，但如果间距太小，将使时差信号变小，由于受仪器测量精度的限制，记录误差相应增大，时差曲线幅度变化反而不能准确地反映地层的变化，所以间距不能太小。根据大量的实验，最终间距选择在 0.5 m 比较合适。

发射探头和接收探头分别装在紫铜皮制成的容器里，容器里灌满变压器油，起压力平衡和声耦合作用。在测井仪器上，为了防止声波从发射探头沿井下仪器的钢管直接到达接收探头，接收不到地层的滑行波，在制造仪器的工艺上进行创新，在下井仪器的钢管外壳体加工了很多规则的槽口，这样起到延迟声波传播的距离。由于传播距离加长，使得仪器的钢管波未到，而地层的滑行波已先到且被仪器记录。钢管上的槽口我们又称之为隔声体。

四、实验内容

(1) 打开声波发射器的电源和示波器电源，通道 1 为近源距环能器接收到的信号，通道 2 为接收器 2 接收到的信号。按照如图 3 所示设置示波器的参数，由于近源距接收到的信号能量强于远源距信号，因此两道信号的量程设置不同。

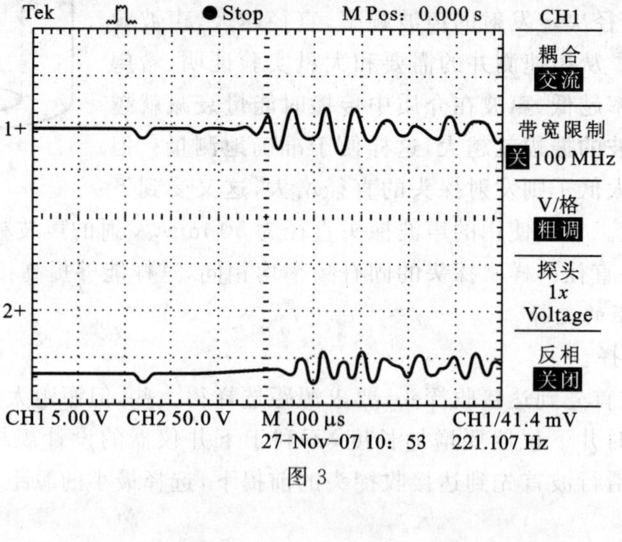

图 3

(2) 旋转摇把改变两个接收器之间的距离，测量两道接收器接收到的信号，并记录下二者峰值之间的时间，计算出玻璃筒的速度。

(3) 按下 SAVE 存储信号，观察后续波列，并简单计算一下接收信号的频率。

五、思考题

(1) 和石油测井相比，模拟井筒有什么不同？（井筒厚度将会如何影响波列的传输，能观察到真正的纵波么？）

(2) 查阅资料，看本实验测得的声波时差和玻璃的速度有什么不同？

(3) 实验检测到的波列频率和发射频率有何不同？

实验五　自然伽马能谱的测量

一、实验目的

(1) 了解 NaI(Tl)闪烁探测器的原理、特性与结构，掌握 NaI(Tl)闪烁探测器的使用方法。

(2) 掌握能量刻度方法，鉴定谱仪的能量分辨率，并通过对 γ 射线能谱的测量，加深对 γ 射线与物质相互作用规律的理解。

二、实验原理

原子核的能级跃迁能产生 γ 射线，测量 γ 射线的能量分布，可确定原子核激发态的能级，研究核蜕变纲图，这对于放射性分析、同位素应用及鉴定核素等都有重要意义。γ 射线强度按能量的分布即为 γ 能谱，测量 γ 能谱常用的仪器是闪烁 γ 能谱仪。该能谱仪的主要优点是：既能探测各种类型的带电粒子，又能探测中性粒子；既能测量粒子强度，又能测量粒子能量；探测效率高，分辨时间短。它在核物理研究和放射性同位素的测量中得到广泛的应用。

(一) 结构框图及工作原理

NaI(Tl)闪烁探测器的结构如图 1。整个谱仪由探头(包括闪烁体、光电倍增管、射极跟随器)、高压电源、线性放大器、多道脉冲幅度分析器等组成。

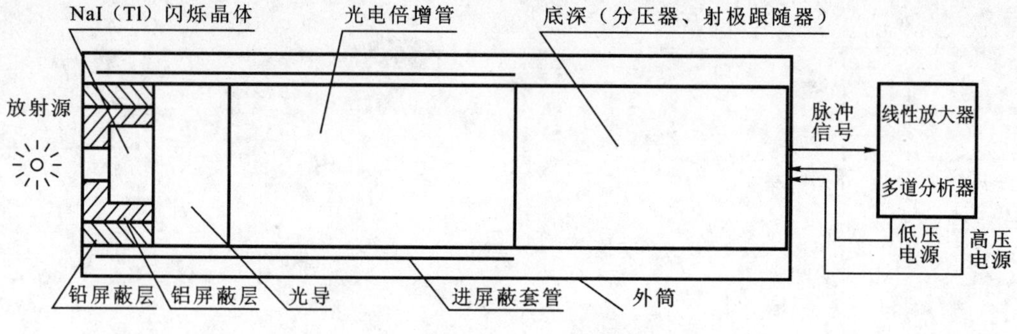

图 1　NaI(Tl)闪烁探测器示意图

首先介绍闪烁探测器的基本组成部分和工作过程。

1. 基本组成部分

闪烁探测器由闪烁体、光电倍增管和相应的电子放大器件三个主要部分组成。

(1) 闪烁体：闪烁体是用来把射线的能量转变成光能的。本实验中采用含 Tl(铊)的 NaI 晶体作 γ 射线的探测器。

(2) 光电倍增管：光电倍增管的结构如图 2。它由光电阴极 K、收集电子的阳极 A 和在光电阴极与阳极之间十个左右能发射二次电子的次阴极 D(又称倍增极、打拿极或联极)构成。在每个电极上加上正电压,相邻的两个电极之间的电位差一般在 100 V 左右。当闪烁体放出的光子打到光电阴极上时,发生光电效应,打出的光电子被加速聚集到第一倍增极 D_1 上,平均每个光电子在 D_1 上打出 3~6 个次级电子,增值后的电子又为 D_1 和 D_2 之间的电场加速,打到第二倍增极 D_2 上,平均每个电子又打出 3~6 个次级电子,这样经过 n 级倍增以后,在阳极上就收集到大量的电子,在负载上形成一个电压脉冲。

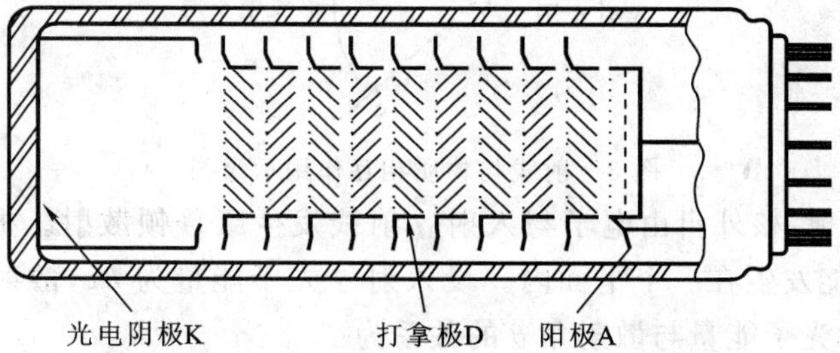

图 2　百叶窗式光电倍增管示意图

(3) 射极跟随器:光电倍增管输出负脉冲的幅度较小,内阻较高。一般在探头内部安置一级射极跟随器以减少外界干扰的影响,同时使之与线性放大器输入端实现阻抗匹配。

(4) 线性放大器:由于入射粒子的能量变化范围很大,线性放大器的放大倍数能在 10~1 000 倍范围内变化,对它的要求是稳定性高、线性度高和噪声小。

(5) 多道脉冲幅度分析器:多道脉冲幅度分析器的功能是把线性脉冲放大器的输出脉冲按幅度分类,若线性脉冲放大器的输出是 0~10 V,如果把它按脉冲幅度分成 500 级(或称 500 道),则每道宽度为 0.02 V,也就是输出脉冲的幅度按 0.02 V 的级差来分类。在实际测量时,我们保持道宽 ΔV 不变,逐点增加 V_0,这样就可以测出整个谱形。

2. 工作过程

射线通过闪烁体时,闪烁体的发光强度与射线在闪烁体内损失的能量成正比,即入射线的能量越大,在闪烁体内损失能量越多,闪烁体的发光强度也越大。当射线(如 γ,β)进入闪烁体时,在某一地点产生次级电子,它使闪烁体分子电离和激发,退激时发出大量光子(一般光谱范围从可见光到紫外光,并且光子向四面八方发射出去)。在闪烁体周围包以反射物质,使光子集中向光电倍增管方向射出去,当闪烁光子入射到光电阴极上,就会产生光电子,这些光电子受极间电场的加速和聚集作用,在各级打拿极上发生倍增(一个光电子最终可产生 10^4~10^9 个电子),最后被阳极收集。大量电子会在阳极负载上形成电信号,通常为电流脉冲或电压脉冲,然后通过起阻抗匹配作用的射极跟随器,由电缆将信号传输到电子仪器中去。

(二) γ 射线与物质的相互作用

γ 射线与物质的相互作用主要有光电效应、康普顿散射和电子对效应,其过程如图 3 所示。

(1) 光电效应:入射 γ 粒子把能量全部转移给原子中的束缚电子,光子本身消失而把束缚电子打出来形成光电子这个过程称为光电效应。由于束缚电子的电离能 E_i 一般远小于入射 γ 射线的能量 E_γ,所以光电子的动能近似等于入射 γ 射线的能量。

$$E_{光电} = E_\gamma - E_i \approx E_\gamma \tag{1}$$

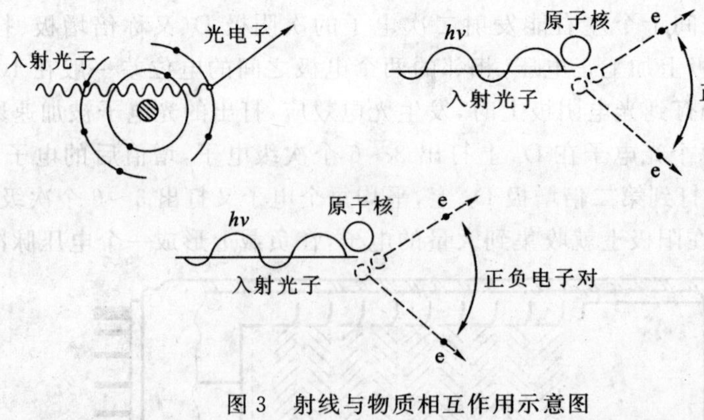

图 3　射线与物质相互作用示意图

(2) 康普顿散射:核外自由电子与入射 γ 射线发生康普顿散射。根据动量守恒的要求,散射与入射只能发生在一个平面内。设入射 γ 光子能量为 $h\nu$,散射光子能量为 $h\nu'$,康普顿散射后散射光子能量与散射角 θ 的关系为

$$h\nu' = \frac{h\nu}{1+a(1-\cos\theta)} \tag{2}$$

式中,$a=\frac{h\nu}{m_e c^2}$,为入射 γ 射线能量与电子静止质量 m_e 所对应的能量之比,c 为光速($c\approx 3.0\times10^8$ m/s)。由式(2)可知,当 $\theta=0$ 时 $h\nu'=h\nu$,这时 $E_e=0$,即不发生散射;当 $\theta=180°$ 时,散射光子能量最小,它等于$\frac{h\nu}{1+2a}$,这时康普顿电子的能量最大,为

$$E_{e\max} = h\nu\frac{2a}{1+2a} \tag{3}$$

(3) 电子对效应:当 γ 射线能量超过 $2m_e c^2$(1.022 MeV)以后,γ 光子受原子核或电子的库仑场的作用可能转化成正、负电子对,称为电子对效应。此时光子能量可表示为两个电子的动能,如 $E_\gamma=E_{e^+}+E_{e^-}+2m_0c^2$,其中,$2m_0c^2=1.02$ MeV。

(三) γ 射线能谱图

由^{137}Cs 的衰变可知^{137}Cs 只放出单一能量的 γ 射线($E_\gamma=0.662$ MeV),该能量小于电子对效应发生阈值 1.022 MeV,因此,^{137}Cs 的 γ 射线与 NaI(Tl)晶体的相互作用只有光电效应和康普顿散射两个过程,其形状如图 4。

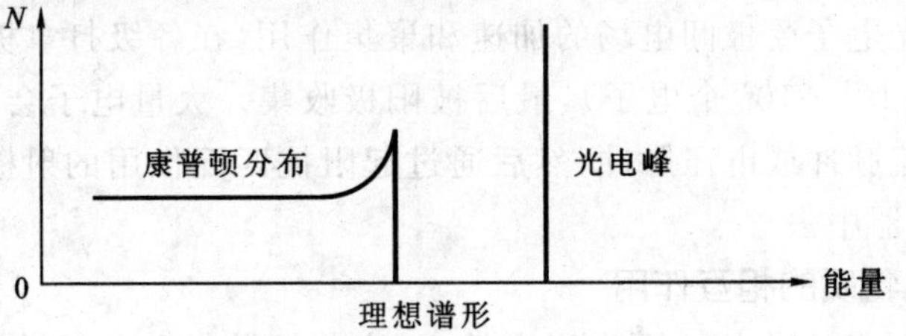

图 4　康普顿峰和单能光电峰

又由于 γ 谱仪存在一定的能量分辨率,实际测得的能谱相对于图 4 中单线能谱存在一定的能量宽度,形状如图 5。

A 峰又称全能峰,这一幅度直接反映 γ 射线的能量 0.662 MeV。有时康普顿散射产生的散射光子 $h\nu'$未逸出晶体,仍然为 NaI(Tl)晶体所吸收,也即通过光电效应把散射光

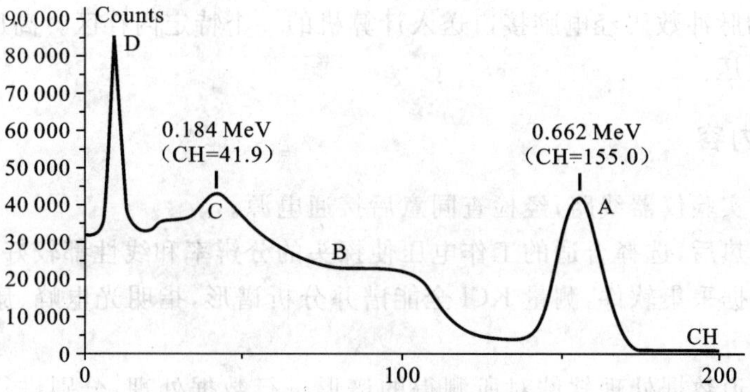

图 5　NaI(Tl)单晶 γ 闪烁探测器测量的^{137}Cs γ 能谱图

子的能量 $h\nu'$转换成光电子能量，而这个光电子也将对输出脉冲作贡献。由于上述整个过程是在很短时间内完成的，这个时间比探测器形成一个脉冲所需的时间短得多，所以先产生的康普顿电子和后产生的光电子，二者对输出脉冲的贡献叠加在一起形成一个脉冲。这个脉冲幅度所对应的能量，是这两个电子的能量之和，即 $E_e+h\nu'$，也就是入射 γ 射线的能量 $h\nu$。所以这一过程所形成的脉冲将叠加在光电峰 A 上使之增高。

平台状曲线 B 是康普顿效应的贡献，其特征是散射光子逃逸后留下一个能量从 0 到 $h\nu\dfrac{2a}{1+2a}$的连续的电子谱。

峰 C 是反散射峰。由 γ 射线透过闪烁体射在光电倍增管的光电阴极上发生康普顿反散射，或 γ 射线在源及周围物质上发生康普顿反散射，而反散射光子进入闪烁体通过光电效应而被记录所致。这就构成反散射峰。返回的 γ 光子能量 $h\nu'=E_\gamma-E_{emax}=0.184$ MeV

峰 D 是 X 射线峰，它是由^{137}Ba 的 K 层特征 X 射线贡献的，^{137}Cs 的 β 衰变体^{137}Ba 的 0.662 MeV 激发态在放出内转换电子后造成 K 空位，外层电子跃迁后产生此 X 光子，其能量为 32 keV。

三、实验装置

实验器材包括：①BH1324A-4096 型微机多道 γ 谱仪的基本系统（由 FJ374 能谱探头、线性放大器（AMP）、4096 道模数变换器（ADC）、电脑接口及计算机等五部分组成）；②γ 放射源^{137}Cs 和^{60}Co（强度约为 1.5 μCi）；③200 μmAI 窗 NaI(Tl)闪烁探头；④高压电源、放大器。方框图如图 6。

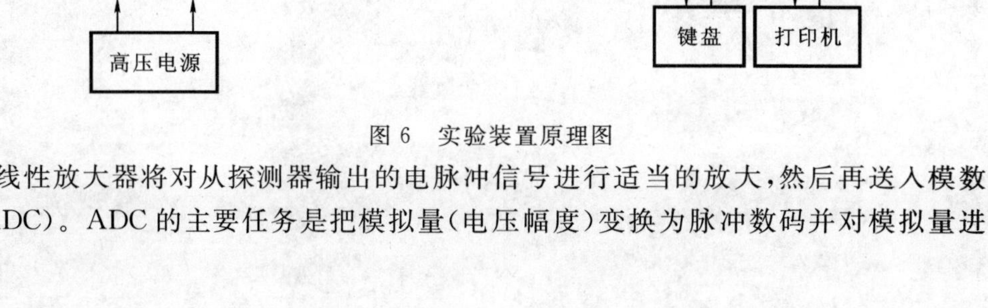

图 6　实验装置原理图

线性放大器将对从探测器输出的电脉冲信号进行适当的放大，然后再送入模数变换器（ADC）。ADC 的主要任务是把模拟量（电压幅度）变换为脉冲数码并对模拟量进行选择。变换得到的脉冲数码经电脑接口送入计算机的一个特定内存区。高压电源供给探测器所需高压及低压。

四、实验内容

(1) 连接好实验仪器线路,经检查同意后接通电源。

(2) 开机预热后,选择合适的工作电压使探头的分辨率和线性都较好。

(3) 打开数据采集软件,测量 KCl 全能谱并分析谱形,指明光电峰、康普顿平台和反散射峰。

(4) 利用多道数据处理软件对所测得的谱形进行数据处理,分别进行光滑化、寻峰、半宽度记录、峰面积计算、能量刻度、感兴趣区处理等工作,并求出各光电峰的能量分辨率。

(5) 根据实验测得的相对于 0.661 MeV,1.17 MeV,1.33 MeV 的光电峰位置,作 *E*-CH 能量刻度曲线(0.184 MeV 的 ^{137}Cs 反散射峰也可记录在内)(本部分由仪器出厂提供的测量结果分析)。

五、思考题

(1) 简述 NaI(Tl)闪烁探测器的工作原理。

(2) 指出测量谱中各个峰值的形成原因。

(3) 利用测量到的谱的峰值能量对闪烁探测器进行大致的能量刻度。

(4) 横坐标道对应能量和测量电压各是多少?

(5) 改变工作电压和放大倍数,谱形将发生怎样的变化,为什么会发生这种现象?

实验六　放射性涨落误差测量

一、实验目的

(1) 熟练掌握谱仪的使用方法，了解影响伽马计数率的因素(高压和放大倍数)。

(2) 了解核衰变放射性计数统计误差的意义，加深对测井曲线统计性涨落变化的理解。

二、实验原理

由于原子核的放射性衰变存在统计涨落，因此多次测量相同时间间隔内的放射性计数，即使保持相同的实验条件，每次测量的结果也并不相同，而是围绕某一平均值上下涨落，有时甚至有很大差别。

对于数量为 M 的大量原子核，经过时间 t 后，平均地说，其数目将按指数规律 $e^{-\lambda t}$ 衰减，λ 为衰变常数，它与放射源半衰期 T 之间满足关系式：$\lambda=\frac{\ln 2}{T}$。在 t 时间内平均衰变的原子核的数目 m 为

$$m = M(1-e^{-\lambda t}) \tag{1}$$

在 t 时间内，统计平均看，在 M 个原子核中有 n 个核发生衰变的几率为

$$p(n) = \frac{M!}{(M-n)!n!}(1-e^{-\lambda t})^n(e^{-\lambda t})^{M-n} \tag{2}$$

设原子核总数 $M \gg 1$，测量时间 t 远小于放射源的半衰期 T，即 $\lambda t \ll 1$，也即衰变数 n 远小于粒子总数 M。这时式(2)分子中的$(M-1)$，$(M-2)$，…，$(M-n-1)$均可用 M 代替，于是有

$$p(n) \approx \frac{M^n}{n!}(\lambda t)^n(e^{-\lambda t})^{M-n} \approx \frac{(M\lambda t)^n}{n!}e^{-M\lambda t} \tag{3}$$

由式(1)可知，这时 $m=M\lambda t$，则有

$$p(n) \approx \frac{m^n}{n!}e^{-m} \tag{4}$$

这就是泊松分布。如果在时间间隔 t 内平均衰变次数为 m，则在时间间隔 t 内衰变数为 n 出现的几率为 $p(n)$。

放射性计数的统计性是放射性原子核衰变本身固有的特性，与使用的测量仪器及技术无关。通常把 m 看作是测量结果的最可几值，把起伏带来的误差称为统计误差，它的大小用标准误差 σ 来描述。

设一次测量得到的总计数为 N，它的标准误差就用 $\sqrt{N}$ 来表示，它的相对标准误差为

$$\frac{\Delta N}{N}=\frac{\sqrt{N}}{N}=\frac{1}{\sqrt{N}} \tag{5}$$

由此看出：核衰变测量的统计误差取决于测量的总计数 N 的大小，N 越大，绝对误差越大而相对误差越小。设对某个计数率 m_1 作了 t 时间的测量，则总计数 $N=m_1 t$，计数率 m_1 的统计误差为

$$\begin{aligned}\Delta m_1&=\frac{\Delta N}{t}=\frac{\sqrt{N}}{t}=\sqrt{\frac{m_1}{t}}\\ \frac{\Delta m_1}{m_1}&=\frac{\sqrt{N}}{m_1 t}=\frac{\sqrt{N}}{N}=\frac{1}{\sqrt{m_1 t}}\end{aligned} \tag{6}$$

由上式可看出：测量时间 t 越长，误差越小。利用上式可以计算 m_1 的误差；反过来也可以由误差要求计算测量需用的时间。测量时就按照算出的时间进行测量，以免测量时间过长耽误时间或者测量时间不足导致测量误差过大。

对一组测量数据可以把它们直接和一个理论分布比较，从而检验这组数据是否符合该理论分布。对于实验上测得的一组数据 $N_i(i=1,2,\cdots,k)$，首先求其平均值

$$\overline{N}=\frac{1}{k}\sum_{i=1}^{k}N_i \tag{7}$$

计算 σ_i

$$\sigma_i=\sqrt{\frac{1}{k-1}\sum_{i=1}^{k}(N_i-\overline{N})^2} \tag{8}$$

然后对于上述的测量数据 N_i 按下述区间来分组，各区间的分界点为：$\overline{N}\pm\frac{\sigma_i}{4}$，$\overline{N}\pm\frac{4}{3}\sigma_i$，$\overline{N}\pm\frac{5}{4}\sigma_i$，…，各区间的中心值为：$\overline{N}$，$\overline{N}\pm\frac{1}{2}\sigma_i$，$\overline{N}\pm\frac{3}{2}\sigma_i$，…，统计测量结果出现在各区间内的次数 K_i 或频率 K_i/K，以次数 K_i 或频率 K_i/K 作为纵坐标，各区间的中心值作为横坐标，作频率直方图。将所得到的频率直方图与平均值为 $\overline{n}$，标准误差为 $\sigma_2=\sqrt{N}$ 的高斯分布曲线进行比较。通过比较可以定性地判断测量数据分布是否合理，以及是否存在其他不可忽略的偶然误差因素。

三、实验装置

实验装置的方框如图 1 所示。

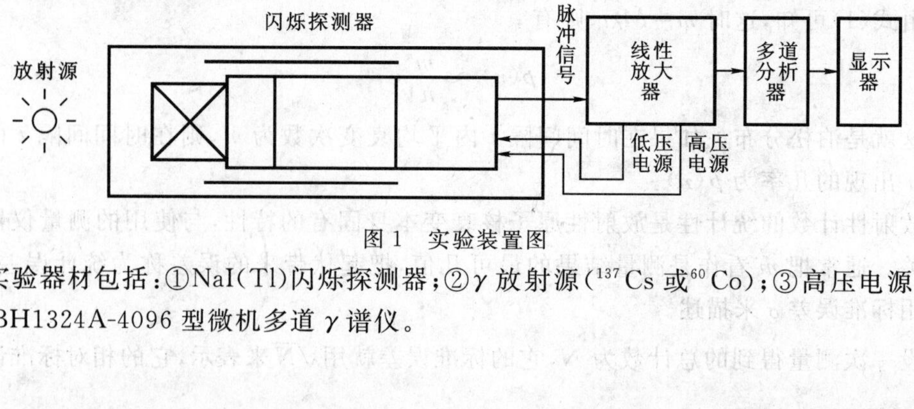

图 1　实验装置图

实验器材包括：①NaI(Tl)闪烁探测器；②γ 放射源（^{137}Cs 或 ^{60}Co）；③高压电源、放大器和 BH1324A-4096 型微机多道 γ 谱仪。

四、实验内容

(1) 连接各仪器设备，增加工作电压(固定放大倍数)，观察谱形的变化。

(2) 固定工作电压，改变放大倍数，观察谱形的变化。

(3) 选取适当的工作电压，并确定放大倍数使谱形在多道脉冲分析器上分布合理。工作状态稳定后，重复进行至少 100 次以上独立测量放射源总计数率的实验(建议进行 150～200 次，每次定时 15 s 或 20 s)。

(4) 整理测量数据，统计放射性涨落误差及规律。

本实验中，测得 A 个数据后，计算算术平均值 N 和均方根差的估计值 S_x：

$$S_x = \sqrt{\frac{\sum_{i=1}^{A}(N_i - \overline{N})^2}{A-1}}$$

其中，A 为总测量次数。将平均值 $\overline{N}$ 置于中央，以 $S_x/2$ 为组距把数据分组，算出相应的实验组频率 f_i/A，以 $(N-\overline{N})/S_x$ 为横坐标，组频率为纵坐标，作直方图，如图 2。

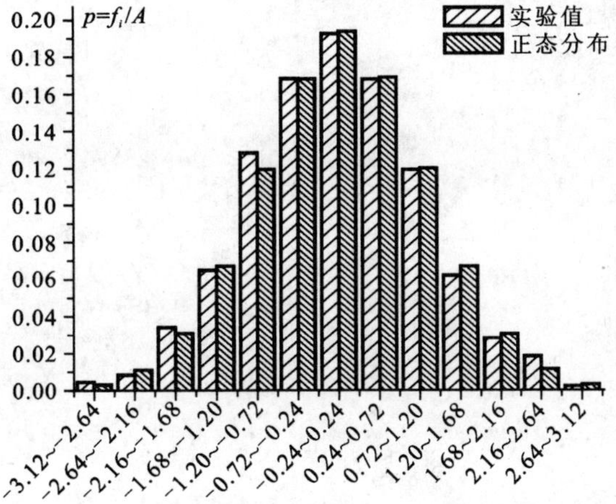

图 2　频率直方图

注意事项：

① 根据所得全能谱形的实际情况可以适当截去前面计数或峰形比较杂乱的几道。

② 在实验中不得改变放射源和探测器的相对位置以及放大器的放大倍数。放大倍数的选取要注意当电压达到 1 000 V 左右(即接近电压所取最大值)时谱形不得越出多道脉冲分析器的量程。

五、思考题

(1) 什么是放射性核衰变的统计性，它服从什么规律？

(2) 为什么说以多次测量结果的平均值来表示放射性测量时，其精确度要比单次测量值高？

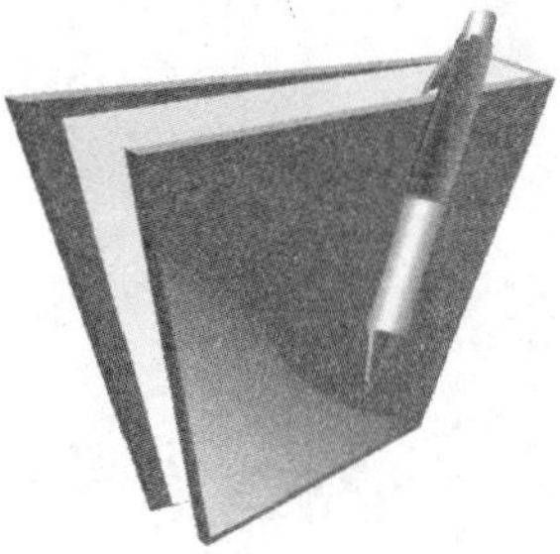

地球物理测井

资料处理与解释部分

实验一 定性划分储集层并定量解释

一、实验目的

通过对测井曲线特征的分析和认识，掌握定性划分砂泥岩剖面储集层的基本方法，并应用阿尔奇公式，进行储层参数的计算，巩固已经学过的测井资料解释及数字处理课程的主要内容与应用。

二、实验要求

正确划分出储集层和非储集层，对砂泥岩剖面能区分开较明显的油水层。进行测井曲线读数，简单地计算出孔隙度、饱和度等参数。

三、实验场地、用具与设备

测井实验室或一般的教室；长直尺、铅笔、橡皮和计算器。

四、实验内容

1. 测井曲线图的认识

图 1 是某井的综合测井曲线图。图中共有五道。

第一道主要为反映岩性的测井曲线道，包括：

自然电位测井曲线：曲线符号为 SP，记录单位为 mV；

自然伽马测井曲线：曲线符号为 GR，记录单位为 API；

井径测井曲线：曲线符号为 CAL，记录单位为 in 或 cm；

岩性密度测井曲线（光电吸收界面指数）：曲线符号为 PE。

第二道是深度道，通常的深度比例尺为 1∶200 或 1∶500。

第三道是反映含油性的测井曲线道，包括深、中、浅三条电阻率测井曲线，分别是：

深侧向测井曲线：曲线符号为 LLD，记录单位为 Ω · m；

浅侧向测井曲线：曲线符号为 LLS，记录单位为 Ω · m；

微球形聚焦测井曲线：曲线符号为 MSFL，记录单位为 Ω · m。

电阻率测井曲线通常为对数刻度。

第四道为反映孔隙度的测井曲线，包括：

密度测井曲线：曲线符号为 DEN 或 RHOB，记录单位为 g/cm^3；

中子测井曲线：曲线符号为 CNL 或 PHIN，记录单位为%，有时为 V/V；

声波测井曲线：曲线符号为 AC 或 DT，记录单位为 $\mu s/ft$，有时为 $\mu s/m$。

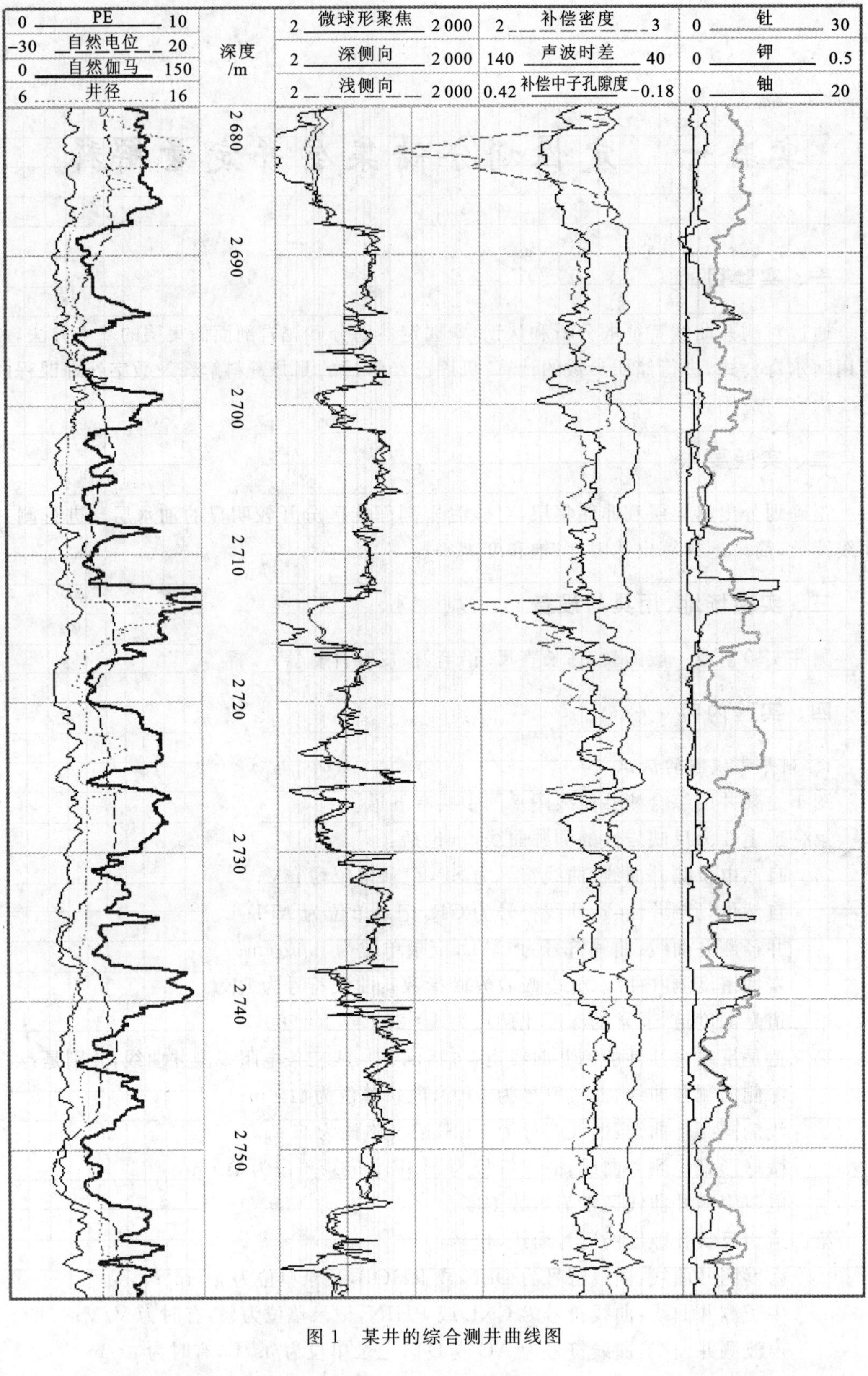

图 1　某井的综合测井曲线图

中子和密度测井曲线的刻度特点是保证在含水砂岩层上两条曲线重叠，在含气层上，密度孔隙度大于中子孔隙度，在泥岩层上，中子孔隙度大于密度孔隙度。

第五道是反映粘土矿物类型的测井曲线，包括自然伽马能谱测井中的三条曲线。

放射性钍测井曲线：曲线符号为 Th 或 THOR，记录单位为 ppm；

放射性铀测井曲线：曲线符号为 U 或 URAN，记录单位为 ppm；

放射性钾测井曲线：曲线符号为 K 或 POTA，记录单位为%，有时为 V/V。

2. 测井曲线特征

(1) 砂泥岩剖面的测井曲线特征。

砂泥岩剖面储集层(砂岩)的典型特征是，一般自然电位有明显的异常，异常的方向和幅度取决于泥浆滤液电阻率(R_{mf})和地层水的电阻率(R_w)，或者说和 R_{mf} 与 R_w 的比值有关，如果 $R_{mf}>R_w$，则为负异常，否则为正异常。如果砂层中不含放射性矿物，自然伽马曲线亦显示低值。

微电极曲线一般在砂岩层幅值高，并出现正幅差。而泥岩的幅度和幅差均较低，当井眼条件不好时，可能会出现曲线跳动现象。砂岩中含灰质较多的夹层，因为致密电阻率异常高，幅度差很小或没有。一般幅度差的大小表明了储集层渗透性的好坏。

普通电阻率测井曲线在泥岩处显示为低值，砂岩处显示为高值，含油砂岩幅值就更高，如有两条探测深度不同的 R_a 曲线，幅值的差别显示着低侵、高侵。通常在油层上为低侵，水层上为高侵。

井径在泥岩层扩大，砂岩层缩小(略小于钻头直径)。具体特征总结见表 1。

表 1 砂泥岩剖面测井曲线特征

测井曲线＼地层	储集层——砂岩	非储集层——泥岩
自然电位	负异常($R_w<R_{mf}$)，正异常($R_w>R_{mf}$)	泥岩基线
自然伽马	低	高
井径	缩径	扩径
深中浅电阻率	高阻	低阻
声波时差	$<300\ \mu s/m$	$>300\ \mu s/m$
钍	低	高
铀	低	高
钾	低	高

(2) 碳酸盐岩剖面的测井曲线特征。

碳酸盐岩剖面的测井解释任务，就是从致密的围岩中找出孔隙性、裂缝性的储集层，并判断其含油性。碳酸盐岩剖面电阻率一般较高，自然电位效果不好。为了区分岩性和划分储层，一般使用自然伽马测井曲线。

储集层相对于致密的围岩具有低阻、低自然伽马以及孔隙度测井反映孔隙度较大的特点。

3. 划分储集层的基本方法与原则

基本要求：凡一切可能含油气的地层都要划出来，要适当地划分明显的水层。具体要求如下：

(1) 估计为油层、气层、油水同层和含油水层的储集层都必须分层解释。

(2) 厚度在半米以上的电性(测井曲线)可疑层(即指从测井曲线上看有油气的地层)或录井显示为微含油级别以上的储集层必须分出。

(3) 作为确定地层水电阻率 R_w 的标准水层(厚度大、岩性纯、不含油)要划分出来。

(4) 录井、气测有大段油气显示而测井曲线显示不好的储集层，应选取一定层位，尤其是该组储层的顶部层位，进行分层。

(5) 当有多套油水系统，油层组包括若干水层时，只解释最靠近油层的水层。

(6) 对于新区探井，应做细致工作，对各个储层均应酌情选层解释，以便不漏掉可能有油气的地层。

4. 正确划分出储集层的方法

这里以砂泥岩剖面为例，介绍划分储集层的方法。通常用自然电位(SP)曲线的异常确定渗透层的位置，用微电极曲线确定分层界面。分层前，应将井场收集的井壁取心、气测显示等有关油气显示的资料标注在综合测井曲线图上，并根据邻井的测井和试油等资料对本井的油水关系作出初步估计。分层时应注意：

(1) 确定分层的界面深度时，应左右环顾，照顾到分层线对每条测井曲线的合理性。

(2) 分层的深度误差不应大于 0.1 m。

(3) 渗透层中，凡是 0.5 m 以上的非渗透性夹层(泥岩或致密层)，应将夹层上下的渗透层分两层解释。

(4) 岩性渐变层顶界(顶部渐变层)或底界(底部渐变层)分层深度应在岩性渐变结束处。

(5) 一个厚度较大的渗透层，如有两个以上解释结论，应按解释结论分层。

(6) 在同一解释井段，如果油气层与水层的岩性、地层结构和孔隙度基本相同，则油气层的电阻率是纯水层的 3～5 倍。纯水层的自然电位异常最大，油气层异常明显偏小，油水同层介于油、水层之间。并且厚度较大的油水同层，自上而下电阻率有明显减小的趋势。

5. 测井曲线读数

分层以后，要从有关的主要测井曲线中读取代表该储层特征值的测井曲线值，以便计算孔隙度、饱和度等地质参数。在厚度较大的储集层中按测井曲线变化确定几个取值区，对每个取值区对应读数进行计算。几种主要测井曲线取值区的最小厚度如下：

各种孔隙度测井，最小厚度≥0.6 m。

侧向测井，最小厚度≥0.6 m。

感应测井，低阻层，最小厚度≥0.6 m；高阻层，最小厚度≥1.5 m。

每种测井曲线分层和取值要符合其方法特点，例如声波测井扣除致密夹层，选用与渗透层相对应部分的平均值。电阻率测井则扣除致密夹层，选用与渗透层相对应部分的极大值的平均值。另外，注意孔隙度与电阻率测井曲线对应取值的原则。因为要用两者结合计算地层的含水饱和度，两者当然应该是对应深度上同一地层或同一取值区的读数。

岩层含油性的定性判断主要依据井的测井曲线特征，而电性特征是岩石物性、岩性和含油性的综合反映。因此在判断地层的含油性时，一般应将测量井段首先按照地层水矿化度的不同分为不同的解释井段，然后才有可能对每一个解释井段在充分考虑其岩性特点的前提下进行含油性解释。

由于地下地层的复杂性、仪器的局限性，上述原则是一般性的。要做到正确地解释，一方面应多收集资料，认真分析曲线；另一方面还要了解区域性特点和规律，要积累经验。

6. 计算出孔隙度和饱和度等参数

读数以后，还要做一些定量计算，常用的公式有：

孔隙度
$$\phi=\frac{\Delta t-\Delta t_{ma}}{\Delta t_f-\Delta t_{ma}}$$

含水饱和度
$$S_w=\sqrt{\frac{aR_w}{\phi^m R_t}}$$

上式中 Δt 为当前层的声波时差；Δt_f 为地层水的声波时差，取 189 μs/ft(620 μs/m)；Δt_{ma} 为固体骨架的声波时差，对于砂岩骨架，主要矿物为石英，其声波时差为 55.5 μs/ft；a 是常数，对于砂岩地层通常取 1.0；R_t 为当前层的电阻率；m 为胶结指数。

五、实验报告

(1) 对所给砂泥岩剖面的综合测井图(图 2)独立分层，对储集层从上到下进行编号，对油、气、水层进行识别。

(2) 在报告中说明分层及解释的依据。

(3) 分别对储集层进行读数，并求出孔隙度 ϕ 和含水饱和度 S_w(已知 R_w=0.5)。

储层序号	顶部深度/m	底部深度/m	厚度/m	测井曲线读数					孔隙度	含水饱和度
				SP	GR	DT	RT	RXO		

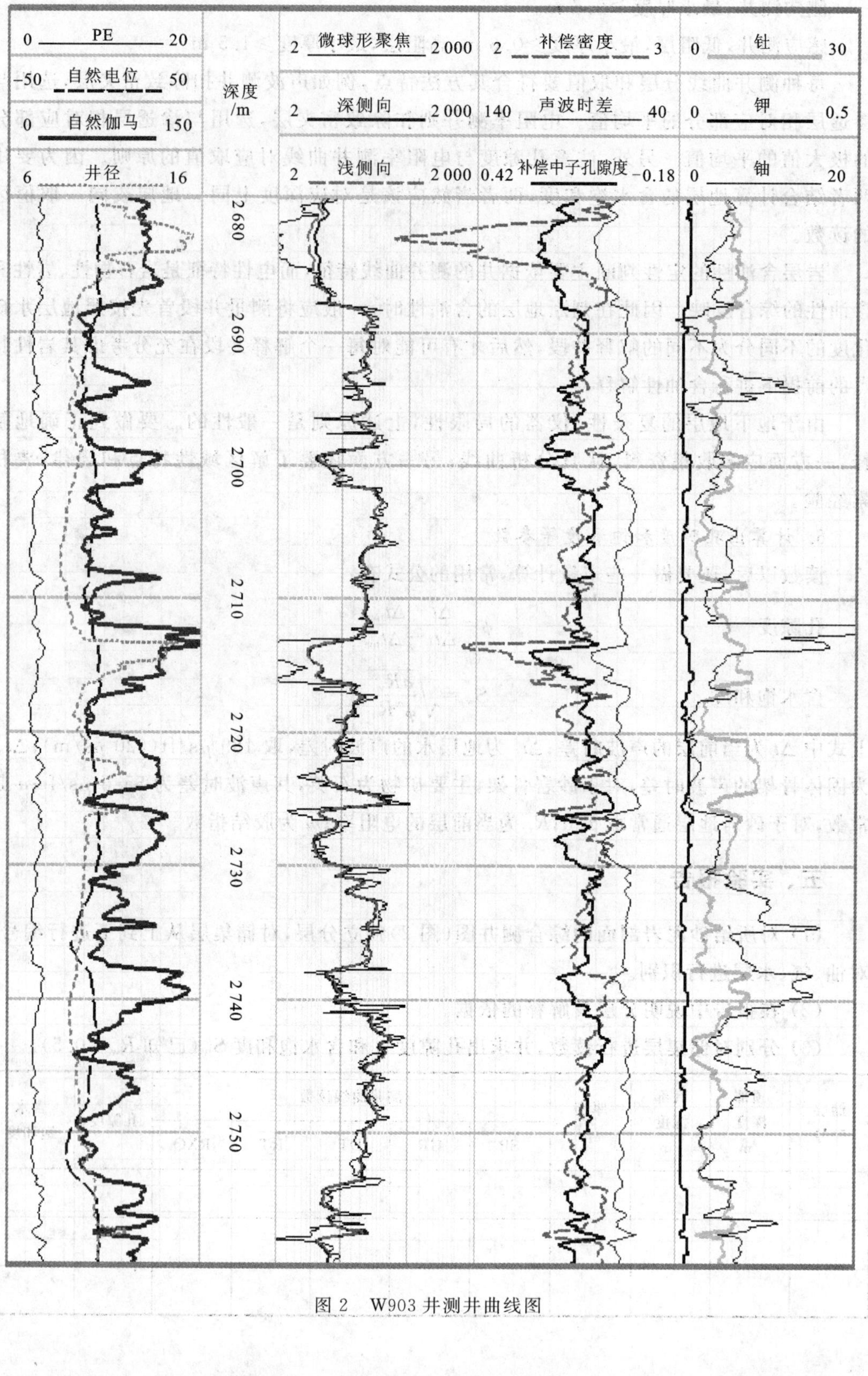

图 2　W903 井测井曲线图

实验二　测井资料的单孔隙度分析

一、实验目的

通过对商业化的测井软件的操作和使用，掌握测井资料计算机处理解释的一般流程。

二、实验要求

掌握 FORWARD 软件的数据加载方法，熟练掌握参数卡的编辑方法，并对所选取的参数进行优化，能够对处理的砂泥岩剖面进行储集层划分及油水层解释。

三、实验场地、用具与设备

计算机房，计算机。

四、实验内容

(一) 实验原理

POR 程序是只用一种孔隙度测井资料加上其他有关测井资料对泥质砂岩进行分析解释的程序，其优点是要求输入的测井曲线少，在不太复杂的情况下可获得较好的解释成果。为了更好地理解和掌握测井数字处理进行分析解释的过程，下面按照 POR 程序的处理流程和所用的解释方程及参数，说明其处理方法和解释成果。

1. 计算地层泥质含量

POR 程序最多可用五种测井方法(GR，CNL，SP，NLL，RT 和 CTS)计算地层的泥质含量 VSH，其计算公式为：

$$SH=(SHLG-GRSD)/(GRSH-GRSD)$$

$$VSH=(2^{GCUR\times SH}-1)/(2^{GCUR}-1)$$

其中，$SHLG$ 为由 $SHLG$ 指定的任一种计算 VSH 的曲线值；$GRSD$，$GRSH$ 为相应测井曲线的纯砂岩地层测井值和纯泥岩地层测井值；$GCUR$ 为经验系数，第三系为 3.7，老地层为 2。

2. 计算孔隙度

POR 程序采用一种孔隙度测井方法，按含水泥质砂岩体积模型公式计算 POR。进行了泥质校正，未作油气校正。

(1) 用 DEN 计算：

$$POR=(DEN-DMA)/(DF-DMA)-VSH\times(DSH-DMA)/(DF-DMA)$$

当 $DSH=DG$ 时，不作泥质校正。

(2) 用 AC 计算：

① 计算 CP：

如果 $CPFG=0$,用固定压实系数。

$$CP=CP$$

如果 $CPFG=1$,用 TSH 计算压实系数。

TSH 单位为 μs/ft 时,$CP=TSH/100$

TSH 单位为 μs/m 时,$CP=0.3048TSH/100$

如果 $CPFG=2$,用经验公式计算压实系数。

$$CP=BCP-ACP\times DEP\times 0.001CP$$

限制条件:如 $CP<1$,则令 $CP=1$。

② 计算 POR：

$$POR=(AC-TMA)/[(TF-TMA)\times CP]-VSH\times(TSH-TMA)/(TF-TMA)$$

当 $TSH=TMA$ 时,不作泥质校正。

(3) 用 NEU 计算：

$$POR=(NEU-NMA)/(NF-NMA)-VSH\times(NSH-NMA)/(NF-NMA)$$

当 $NSH=NMA$ 时,不作泥质校正。

3. 计算地层含水饱和度

POR 用户通过选择 $SWFG$,用以下三个公式之一计算 SW,SXO。

如无地层电阻率曲线 RT 或 COND 输入,则令 $SW=1$。

如无地层电阻率曲线 RXO 输入,则令 $SXO=1$。

在求 SW 的公式中,用 RXO 代替 RT,RMF 代替 RW 即可求取 SXO。

$SWFG=1$ 时,用阿尔奇公式,采用固定的 M 值

$$SW=\left(\frac{A\times RW}{POR^{M}\times RT}\right)^{1/N}$$

其中,M,N,A 为输入参数。该公式适用于高孔隙度地层,如果 $POR<20\%$,则不用此公式。

$SWFG=2$ 时,用阿尔奇公式,采用计算的 M 值

$$M=1.87+0.019/POR$$

如果 $POR>0.085$,则 $M=2.1$;如果 $M>4$,则 $M=4$。

其中,N,A 为输入参数,该公式又称硬岩面公式,适用于低孔隙度地层。

$SWFG=3$ 时,用西门杜公式：

$$SW=\frac{1}{POR}\left[\left(\frac{0.81RW}{RT}\right)^{1/2}-\frac{VSH\times RW}{0.4RSH}\right]$$

该公式适用于低矿化度条件下的泥质砂岩地层。

4. 计算地层含水孔隙度

(1) 地层含水孔隙度：

$$PORW=POR\times SW$$

(2) 冲洗带含水孔隙度：

$$PORF = POR \times SXO$$

如果 $PORF < PORW$ 或 $PORF > 0.9POR$，则取 $PORF = PORW$。

5. 计算地层渗透率

采用 Timur 公式：

$$PERM = C \times \frac{POR^{4.4}}{SIRR^2}$$

式中，$C=0.136$；$SIRR$，POR 均为百分数。

限制条件： $0.01 \leqslant PERM \leqslant PERMAX$

6. 计算出砂指数

出砂指数用来表示砂岩的强度和稳定性，计算公式如下：

$$BULK = 13\,400 \times DEN/AC^2$$

式中，DEN 为密度，g/cm^3；AC 为声波时差，μs/ft。

7. 计算冲洗带残余油气

冲洗带油气相对体积 $PORX$：

$$PORX = POR \times (1 - SXO)$$

如果 RXO 曲线不存在，$PORX = 0.5(POR - PORW)$

冲洗带油气相对质量 $PORH$：

$$PORH = PORX \times DHY$$

8. 计算累计孔隙厚度 PF 和累计油气厚度 HF

累计孔隙厚度：

$$PF = \sum POR_i \times RLEV$$

累计油气厚度：

$$HF = \sum (1 - SW) \times POR_i \times RLEV$$

(二) 输入输出曲线

(1) 输入曲线(共 10 条)

DEN	体积密度
AC	声波时差
CNL	补偿中子
SP	自然电位
GR	自然伽马
CAL	井径
RT	深探测电阻率
RXO	浅探测电阻率
COND	感应
NLL	中子寿命

(2) 输出曲线(共16条)

POR 孔隙度

PORT 总孔隙度

PORF 冲洗带含水孔隙度

PORW 地层含水孔隙度

SW 地层含水饱和度

PERM 渗透率

SH 泥质含量

CALC 井径微差

CL 粘土含量

RWA 视地层水电阻率

RMFA 视泥浆滤液电阻率

PORX 冲洗带的残余烃体积

PORH 冲洗带的残余烃质量

BULK 出砂指数

PF 累计孔隙厚度

HF 累计油气厚度

(3) 输入参数(共计46个)

SHFG 选择计算泥质含量方法标志符,隐含1

=1 使用GR和GMN1,GMX1

=2 使用CNL和GMN2,GMX2

=3 使用SP和GMN3,GMX3

=4 使用NLL和GMN4,GMX4

=5 使用RT和GMN5,GMX5

GMN1,GMX1 纯砂岩和纯泥岩的自然伽马测井值,隐含值分别为0和100

GMN2,GMX2 纯砂岩和纯泥岩的补偿中子测井值,隐含值分别为0和100

GMN3,GMX3 纯砂岩和纯泥岩的自然电位测井值,隐含值分别为0和100

GMN4,GMX4 纯砂岩和纯泥岩的中子寿命测井值,隐含值分别为0和100

GMN5,GMX5 纯砂岩和纯泥岩的RT测井值,隐含值分别为100和2.5

SHCT 泥质截止值,隐含值为40(也为人工分层标志符)

C 电阻率标志符,Y隐含值为0

=0 用RT

=1 用COND

RW 地层水电阻率

RNF 泥浆滤液电阻率

AM 岩性系数和胶结指数,隐含值分别为1和2

N 饱和度指数,隐含值为2

IPEG　　选择计算孔隙度标志符,隐含值为2
=1　　用DEN计算孔隙度
=2　　用AC计算孔隙度
=3　　用CNL计算孔隙度
DG,DF　　岩石骨架密度和流体密度,隐含值分别为2.65和1
TM,TF　　岩石骨架时差和流体时差,隐含值分别为180和620
DSH,TSH,NSH　分别为泥岩的密度、时差和中子值,隐含值分别为2.65,180和28.0
CPOP　　选择压实系数CP的标志符,隐含值为0
=3　　用公式自动计算压实系数
=1　　用外部赋值CP
CP　　压实系数,隐含值为1
ACP,BCP　计算压实系数的参数,隐含值分别为0.203(程序自动缩小1 000倍)和1.67
SWOP　　选择地层含水饱和度公式标志符,隐含
=1　　用西门杜公式
=2　　用阿尔奇公式,采用计算的M和A值
=3　　用阿尔奇公式,采用参数的M和A值
SRHM　　与残余烃饱和度与含水饱和度相关的系数,隐含值为0.5
SIRR　　束缚水饱和度,隐含值为40
ADEN,ACNL,AAC,AGR,ASP,ART,ARXO,ACON　分别为密度、中子、声波、自然伽马、自然电位、深探测电阻率、浅探测电阻率和感应的附加校正值,其隐含值均为0

(三) FORWARD软件简介

FORWARD是地层油气层测井评价系统英文名称Formation Oil & Gas Reservoir Well-Logging Analysis & Research & Development的缩写。FORWARD由CNPC勘探部测井软件项目组和中国石油大学(北京)石油勘探数据中心研制开发,是我国第一套商业化的功能比较齐全的测井评价软件平台。FORWARD由平台底层和应用层两大部分构成。平台底层WELLBASE(Well Basic Analysis System Environment)为测井基本分析系统环境,它是为满足勘探、开发测井资料的分析处理而设计开发的,具有测井数据输入、测井资料预处理、测井资料基本处理、测井解释成果输出等功能,由平台数据底层和平台工具两部分组成。

应用层则是由专门为满足测井解释需要而设计开发的应用程序组成,具有测井常规解释、特殊测井处理所需的各种工具和应用程序。

FORWARD平台采用WIS文件格式存放数据。WIS文件格式是针对测井行业特点而设计的。它可以把测井曲线(常规测井、生产测井、地层倾角测井、全波列测井、地层测试测井、成像测井等)、离散数据表(与测井相关的钻井、地质、试油等信息)和解释参数存

在同一个数据文件中，便于对测井信息的统一管理（图 1）。

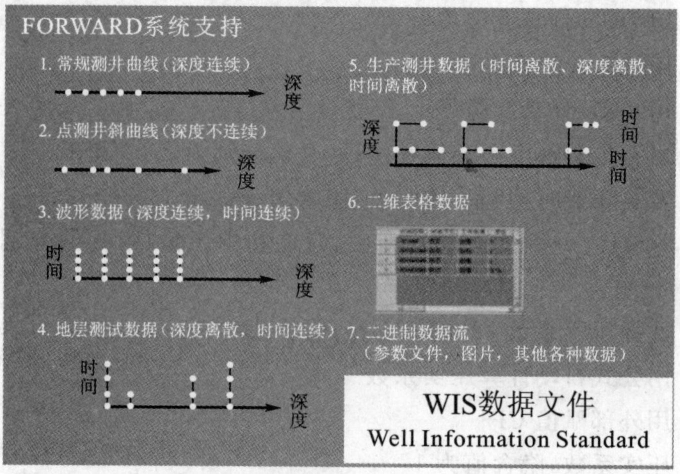

图 1　WIS 数据文件格式

每个井对象可以包含多个 WIS 文件，每个 WIS 文件包含三种数据流，即测井曲线、离散数据表和参数文本文件。

数据底层为程序开发人员提供了大量的输入输出接口函数，通过用户区管理程序对用户当前处理的井进行可视化管理。

FORWARD 系统启动之后，立即弹出的就是总控界面（图 2）。总控界面对系统运行有监控作用。退出总控界面可以关闭整个系统，所有打开的应用将全部被关闭。系统的用户区管理、方法管理均从总控界面启动。平台所有应用程序一旦启动，在总控界面的工作窗口均以图标或列表方式列出，并接受过程监控。在总控界面可以启动整个系统的联机帮助文档。

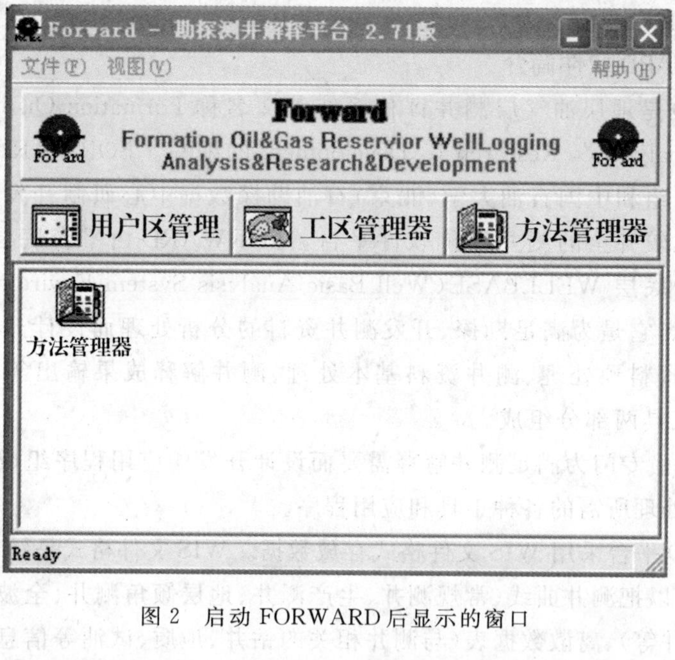

图 2　启动 FORWARD 后显示的窗口

双击方法管理器显示如图 3 所示的功能，在本实验中双击单孔隙分析程序得到加载 WIS 数据，修改参数卡数据并处理，如图 4 所示。通过该过程，了解 POR 程序处理的方法、过程、应用(图 5)，理解各个处理参数对处理结果的影响，加深对测井资料处理解释的理解。

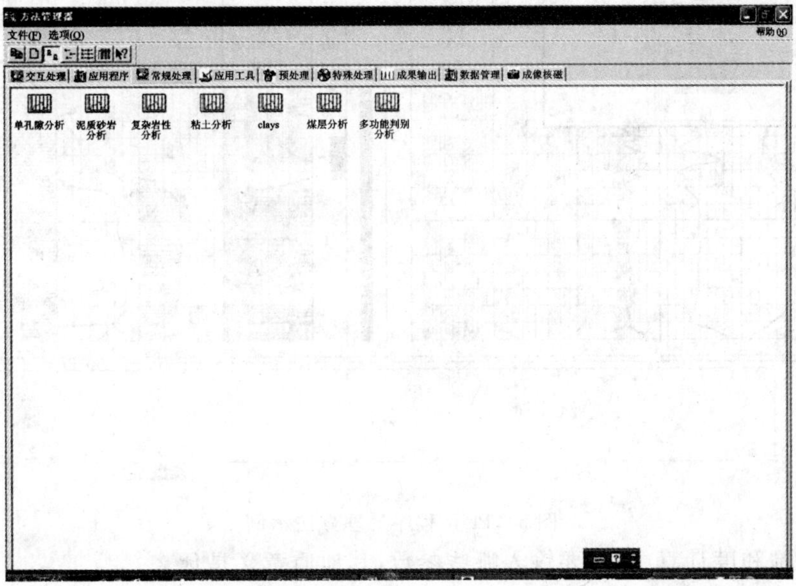

图 3　处理方法列表

图 4　POR 程序处理方法

五、实验报告

(1) 说明 POR 程序的解释方法及流程。

(2) 说明在 FORWARD 软件中如何修改解释参数，并说明在泥质含量计算、孔隙度

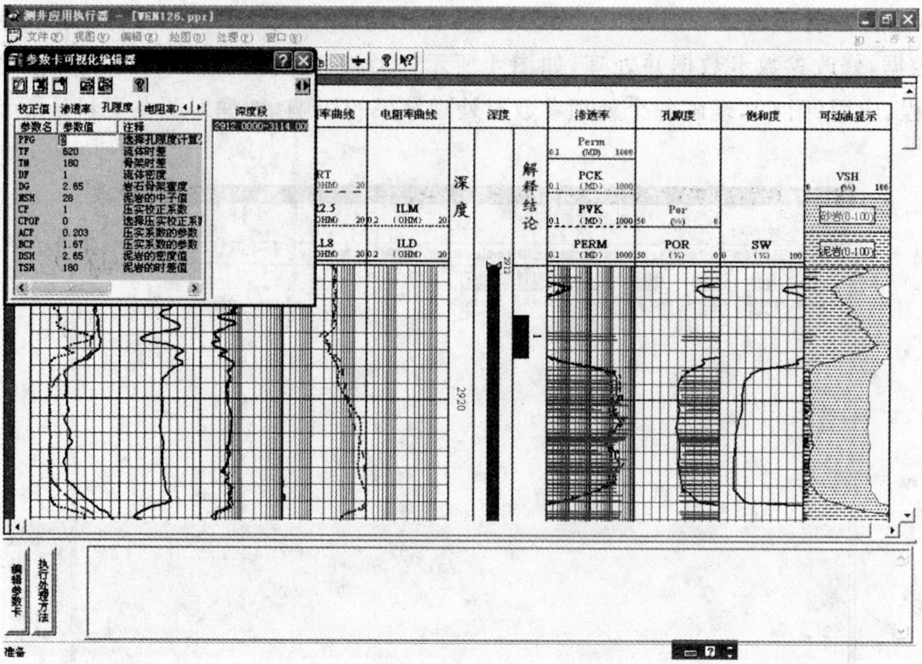

图 5　POR 程序处理方法示例

计算和含油饱和度计算中，需要输入哪些参数，其地质意义是什么。

（3）说明如何利用砂泥岩剖面进行储集层划分和简单的油气层识别。

实验三　含泥质复杂岩性地层综合测井处理

一、实验目的

综合所学习的测井解释与数据处理知识，掌握一般含泥质复杂岩性地层测井数据处理的步骤和方法。

二、实验要求

用C或Matlab语言编程，调试通过，并利用交会图技术计算孔隙度，计算出的结果和程序计算的结果相一致。

三、实验场地、用具与设备

计算机房、计算机。

四、实验内容

（一）原理

测井数据处理与解释的主要任务就是依据“四性”关系，用测井所获得的地层的各种“物理参数”，定量地计算出地下地层的岩性（$V_{ma1}, \cdots, V_{maN}$）、储集性（孔隙度 ϕ 和渗透率 K）以及含油性（含水饱和度 S_w）。当储层含有泥质时，还要求取泥质含量，对测井数据进行泥质校正。对于含有泥质，骨架由两种矿物构成，且矿物含量随深度变化的复杂岩性地层，其体积模型如图1所示。这种泥质储层测井处理的过程如图2所示。其基本思路就是用几种方法分别计算出独立的泥质含量 V_{sh}，然后取最小值作为该深度的泥质含量。对测井数据进行泥质含量校正，两种孔隙度组合求出孔隙度和两种矿物的含量，再恢复为含泥质地层，计算出实际地层的孔隙度和矿物含量。在计算过程中所设计的参量和模型的变化如图1所示。

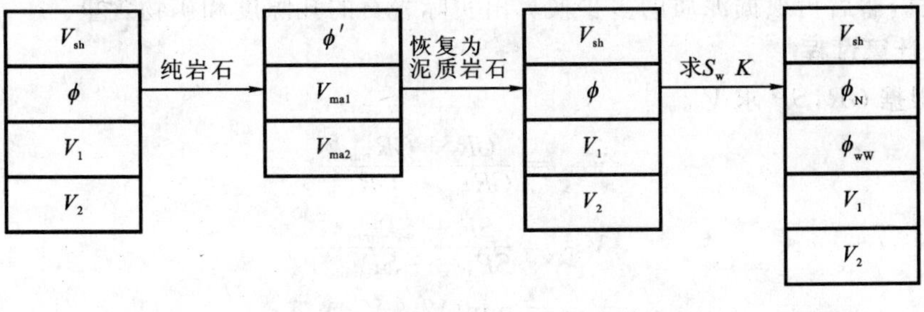

图1　体积模型与计算过程中的变化

实际上，求上述四种体积含量的方法有两种：① 三种孔隙度测井联立解方程，解出

ϕ,V_{sh},V_1,V_2;② 采用独立方法计算泥质含量,并利用两种孔隙度测井组合方法,解出纯岩石模型的各个部分的体积。

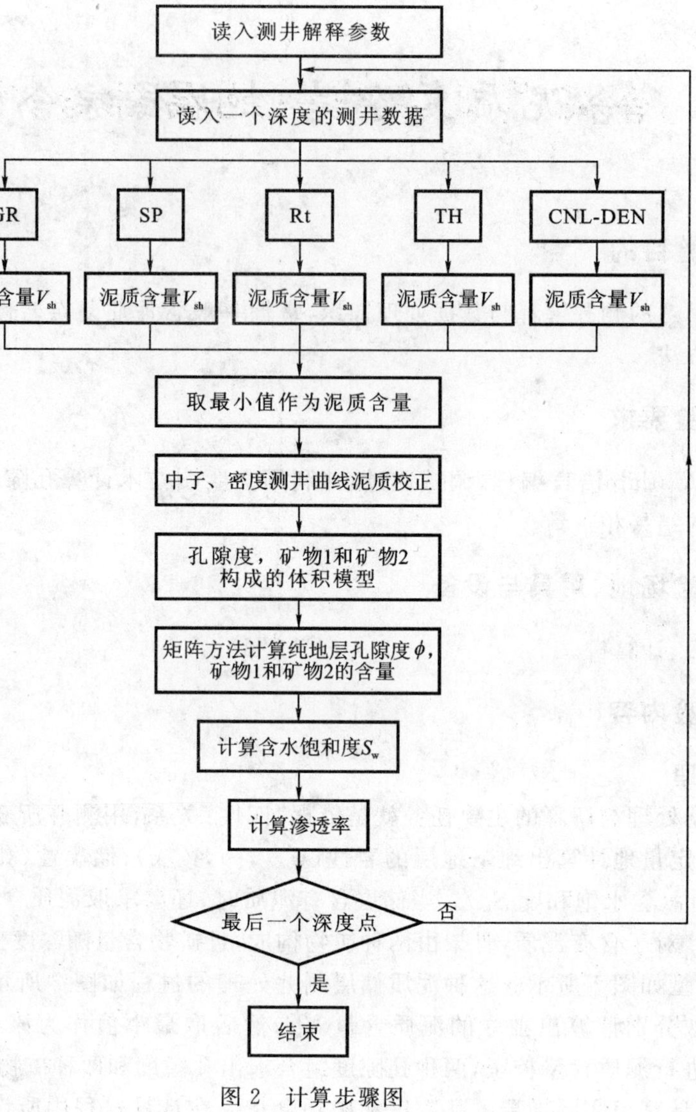

图 2　计算步骤图

先求出泥质含量,再校正泥质影响后的测井数据,联立求解 ϕ',V_{ma1},V_{ma2},相当于按纯岩石计算,然后再根据泥质的多少换算出实际岩石的孔隙度和矿物含量。

(二) 计算过程

(1) 根据 GR,SP 求 V_{sh}。

$$V_{GR} = \frac{GR - GR_{min}}{GR_{max} - GR_{min}}$$

$$V_{SP} = \frac{SP - SP_{min}}{SP_{max} - SP_{min}}$$

$$V_{SH} = \min(V_{GR}, V_{SP})$$

当 $V_{SH} \geqslant 50\%$ 时,按泥岩处理,$\phi = 0$,$S_w = 1.0$,$V_{SH} = 100$,$V_1 = 0$,$V_2 = 0$,$K = 0$;

当 $V_{SH} < 50\%$ 时,按下述方法处理。

（2）进行泥质校正。

$$\phi_{NC}=\frac{\phi_N-V_{sh}\phi_{Nsh}}{1-V_{sh}}$$

$$\rho_{bC}=\frac{\rho_b-V_{sh}\rho_{bsh}}{1-V_{sh}}$$

（3）求纯岩石的孔隙度和矿物含量。

$$\begin{cases}\phi_{NC}=\phi_{Nma1}+\phi_{Nma2}V_{ma2}+\phi_{Nf}\phi' \\ \rho_{bC}=\rho_{ma1}V_{ma1}+\rho_{ma2}V_{ma2}+\rho_f\phi' \\ 1=V_{ma1}+V_{ma2}+\phi'\end{cases}$$

（4）恢复成泥质岩石。

$$V_1=V_{ma1}(1-V_{sh})$$

$$V_2=V_{ma2}(1-V_{sh})$$

$$\phi=\phi'(1-V_{sh})$$

（5）计算含水饱和度（混合泥质公式）。

利用 1963 年 Simandoux 的混合泥质公式计算含水饱和度。

$$\frac{1}{R_t}=\frac{V_{sh}}{R_{sh}}S_w+\frac{\phi^m}{aR_w}S_w^2$$

可以看成是关于 S_w 的一元二次方程。对于 S_w，有

$$S_w=\frac{-B+\sqrt{B^2-4AC}}{2A}$$

式中，A,B,C 分别为上述一元二次方程的系数。当 $a=1.0, m=2.0$ 时，A,B,C 分别为：

$$A=\frac{\phi^2}{R_w}$$

$$B=\frac{V_{sh}}{R_{sh}}$$

$$C=-\frac{1}{R_t}$$

（6）计算渗透率。

$$S_{wi}\cdot\phi=0.005$$

$$S_{wi}=0.005/\phi$$

$$K=-250\times\frac{\phi^3}{S_{wi}}$$

（三）已知条件及编程说明

（1）输入测井解释参数，请自己赋值。

（2）输入测井曲线数据，按上述顺序放入数据文件：

depth，Rt，Rxo，SP，GR，ϕ_N，ρ_b

Log. dat 中，请直接打开读取，共设计五个深度点。

（3）输出计算结果放入文件中，自己命名。

depth，V_{sh}，V_1，V_2，ϕ，S_w，K

（4）设立变量 ID，指示所求参数所在的区域和求解三角形的位置。

五、实验报告

(1) 绘出体积模型:泥＋孔隙＋石英＋方解石。
(2) 绘出所编程序的具体流程图。
(3) 编程调试并获得正确结果,对结果进行分析,加以说明。
(4) 如果地层中含有气,请说明油气校正的处理思路。

地球物理勘探部分

实验一　地球物理专业实习

“地球物理专业实习”课程是勘查技术与工程专业物探方向的必修实践环节，该课程通过教师带领学生进行实际地震资料的采集，使学生加深对地震勘探原理的理解，掌握观测系统的设计方法、地震仪器的操作方法、地震资料的采集方法，提高学生的实际动手能力。

总学时：2周

学时分配：

(1) 了解仪器的基本情况，熟悉仪器的操作方法。(1天)

(2) 根据仪器情况进行野外勘探观测系统设计。(1天)

(3) 进行野外测量。(1天)

(4) 震源条件及检波器埋置条件试验。(1天)

(5) 环境噪声及组合试验。(1天)

(6) 反射波勘探野外数据采集。(1天)

(7) 折射波勘探观测系统设计。(1天)

(8) 折射波勘探数据采集。(1天)

(9) 面波勘探观测系统设计。(1天)

(10) 面波勘探数据采集。(1天)

一、高分辨率地震仪简介

DZQ48高分辨率地震仪是集多功能、高精度、高速度、高可靠性、良好的人机界面功能及可扩展性于一身的地震仪。仪器可利用锤击、电火花或爆炸等作为激发震源，勘探深度从几米到上千米，也可使用延时功能获取地下更深部地层的地震资料。适用方法有：反射、折射、面波勘探、桩基检测、地脉动测量、高密度地震映像、震动测量及剪切波测试等地震勘探方法。广泛应用于水利、电力、铁路、桥梁、城建、交通、工程地质勘探等领域，也适用于石油、煤田、铀矿及地下水等资源勘探领域。

(1) 反射、折射勘探：基岩埋深、形态及分布规律研究，水、工、环地质基础调查等。

(2) 面波勘探：覆盖层分层调查，风化带调查，地下空洞与病害地质体勘测，路基、堤坝、边坡病害调查等。

(3) 多波高密地震映像：地基、路基空洞调查，溶洞勘测等。

(4) 场地常时微动测量：高层建筑、桥梁振动监测及基础检测、安全评价。

(5) 土建工程质量检测：桥墩及建筑桩基检测等。

(6) 城市爆破震动安全评价：各类爆破震动安全监测等。

(7) 剪切波波速测试:岩体弹性力学参数测量等。

1. 主要技术指标

(1) 输入设备:仪器面板配有适合野外使用的薄膜键盘,方便快捷;也可接 PS/2 计算机键盘和鼠标;手写板。

(2) 接口:双 USB 接口、PS/2 键盘、鼠标接口、并行口、网口等。

(3) 移动存储:U 盘或配接移动硬盘、USB 移动光驱等。

(4) 模拟道数:48 道(1,2,3,4,6,12,24,48 道工作模式可选)。

(5) 采样率: 10 μs,31.25 μs,62.5 μs,125 μs,250 μs,500 μs,1 ms,2 ms,4 ms,8 ms,16 ms,32 ms 到 400 ms 若干挡。

(6) 采样点数:512,1 024,2 048,4 096,8 192,16 384 等,最大记录长达 32 768。

(7) 前放增益:每 6 道为 1 组,由软件可选 64 倍(36 dB)、16 倍(24 dB)、4 倍(12 dB)、1 倍。

(8) A/D 转换:采用最新、超高速 $\sum$-Δ24 位 A/D 转换器。

(9) 去假频滤波器:随采样率自动跟踪;在采样率的 0.216 倍处为 −3 dB,下至 120 dB;并配有各种数字滤波器,截频点(−3 dB 处)根据需要人为设置。

(10) 频响范围:0.1 Hz~4 kHz。

(11) 噪音:全频状态下小于 1 μV。

(12) 采样延时:0~9 999 ms。

(13) 幅度一致性:优于±0.02%。

(14) 相位一致性:优于±0.01 ms。

(15) 动态范围:优于 144 dB。

(16) 信号叠加增强:32 位。

(17) 操作系统:Win XP。

(18) 数据格式:SEG-2。

(19) 触发:内、外触发可用锤击开关、爆破、电火花触发,也可断线或接通触发。

(20) 时钟:年度计时钟,文件记录的时间数随参数存入文件。

(21) 电源:12 V±20%蓄电池供电;整机耗电小于 4 A(48 道、LCD 超亮度工作时为 5 A)。

(22) 仪器使用环境温度:−10~+55 ℃;仪器储藏温度:−20~+60 ℃;湿度 90% RH。

2. 主要特点

(1) 采用最新高速、高精度真 24 位 A/D 转换器。48 道同时采样时最高采样间隔达 31.25 μs,国际领先。单道最高采样间隔达 10 μs。

(2) 不仅采用具有超低失真性能、优于 120 dB 的带外抑制的先进滤波器(截频点自动随采样频率而变),同时在软件中设有各种数字滤波器(高、低、带通滤波器),其截频点可根据需要人为设置。

(3) 超高亮度、高分辨率液晶显示器,在阳光下图示清晰可见。

(4) 全新的外形结构设计,使视角更加合理,方便操作。

(5) 支持覆盖测量。配置本厂生产的覆盖开关或覆盖电缆可以方便野外勘探的各种反、折射测量应用,大大提高野外工作效率。

(6) 内置独特的仪器检测系统。自检采集、数据计算处理、自检报告自动生成输出。

(7) 检波器及大线现场通断测试、全波形噪声监视。

二、实验内容

实验1　地震勘探野外采集方法

学生人数:每组5人,每6组共用1套地震采集接收仪器,分时轮流进行使用。

实验目的:通过实验使学生了解地震仪器的使用方法。

实验内容:检波器的埋置方法、排列的布置方法、地震仪器的使用方法、地震波的激发方法。

实验2　激发条件与接收条件实验

学生人数:每组5人,每6组共用1套地震采集接收仪器,分时轮流进行使用。

实验目的:通过实验使学生了解激发条件和接收条件对地震采集的影响。

实验内容:在不同的激发条件下激发地震波,采集数据,分析数据;在不同的接收条件下采集数据,分析数据。

实验3　环境噪声及组合实验

学生人数:每组5人,每6组共用1套地震采集接收仪器,分时轮流进行使用。

实验目的:通过实验使学生了解环境噪声,如何通过组合压制噪声。

实验内容:在不激发的情况下采集数据,并对数据进行分析;通过激发采集数据了解反射波和面波的特点,并设计不同的组合方式来压制面波。

实验4　反射波勘探数据采集

学生人数:每组5人,每6组共用1套地震采集接收仪器,分时轮流进行使用。

实验目的:通过反射波地震数据的采集,使学生掌握反射波地震采集方法。

实验内容:针对二维反射波地震数据采集,进行观测系统设计、野外测量、布置排列、地震波激发、地震数据采集,并对地震数据进行分析。

实验5　折射波勘探数据采集

学生人数:每组5人,每6组共用1套地震采集接收仪器,分时轮流进行使用。

实验目的:通过折射波地震数据的采集,使学生掌握折射波地震采集方法。

实验内容:针对折射波进行观测系统设计、野外测量、布置排列、地震波激发、地震数据采集,并对地震数据进行分析。

实验6　面波勘探数据采集

学生人数:每组5人,每6组共用1套地震采集接收仪器,分时轮流进行使用。

实验目的:通过面波地震数据的采集,使学生掌握面波地震采集方法。

实验内容:针对面波进行观测系统设计、野外测量、布置排列、地震波激发、地震数据采集,并对地震数据进行分析。

实验7　三维反射波勘探数据采集

学生人数:每组5人,每6组共用1套地震采集接收仪器,分时轮流进行使用。

实验目的:通过三维地震数据采集,使学生掌握三维地震勘探野外数据采集方法。

实验内容:针对三维地震勘探进行观测系统设计、野外测量、排列布置、地震波激发、地震数据采集,并对地震数据进行分析。

实验二　地震资料数字处理实习

课程名称：地震资料数字处理大实习，总学时数 32。

适用专业：勘查技术与工程，实验课总学时数 32。

实验课概述：本实验课的目的是通过实践环节，使学生了解地震资料处理的环境，通过在工作站上对实际地震资料进行处理训练，培养学生地震资料实际处理能力。围绕着地震资料处理这个中心，课程设置了 8 个试验：①熟悉 linux 操作系统及地震资料处理系统；②数据的输入与显示；③观测系统定义；④道编辑与振幅恢复；⑤反褶积与静校正；⑥速度分析；⑦动校正与叠加；⑧偏移。

具体实验内容如下：

实验 1 （4 学时）

目的：熟悉 linux 操作系统及地震资料处理系统。

主要内容：

① 上机环境介绍。

② linux 系统介绍。

所用设备：微机工作站。

实验 2 （4 学时）

目的：熟悉地震资料处理软件，熟悉数据的加载、数据的显示。

主要内容：

① 了解地震数据的采集情况。

② 了解地震资料处理软件的使用方法。

③ 加载地震数据，显示地震数据。

所用设备：微机工作站、地震资料处理软件。

实验 3 （4 学时）

目的：熟悉观测系统的概念，掌握如何利用地震处理软件加载观测系统。

主要内容：

① 熟悉观测系统模块。

② 掌握如何输入观测系统数据。

③ 掌握如何定义观测系统。

所用设备:微机工作站、地震资料处理软件。

实验4 (4学时)

目的:学习如何对地震数据进行道编辑和振幅恢复。

主要内容:

① 学习利用显示模块进行道编辑的方法。

② 学习利用处理模块进行振幅恢复的方法。

所用设备:微机工作站、地震资料处理软件。

实验5 (4学时)

目的:学习如何进行反褶积与静校正。

主要内容:

① 学习反褶积模块的主要参数及反褶积方法。

② 学习静校正的主要步骤及静校正处理方法。

所用设备:微机工作站、地震资料处理软件。

实验6 (4学时)

目的:学习如何进行速度分析。

主要内容:

① 学习速度分析模块的运行方法。

② 学习速度分析的拾取方法。

所用设备:微机工作站、地震资料处理软件。

实验7 (4学时)

目的:学习如何进行动校正与叠加。

主要内容:

① 学习动校正模块的主要参数及动校正方法。

② 学习动校正及叠加的处理方法。

所用设备:微机工作站、地震资料处理软件。

实验8 (4学时)

目的:学习如何进行偏移。

主要内容:

① 学习偏移速度的求取方法。

② 学习偏移模块的主要参数及偏移处理方法。

所用设备:微机工作站、地震资料处理软件。

典型处理流程(图1):

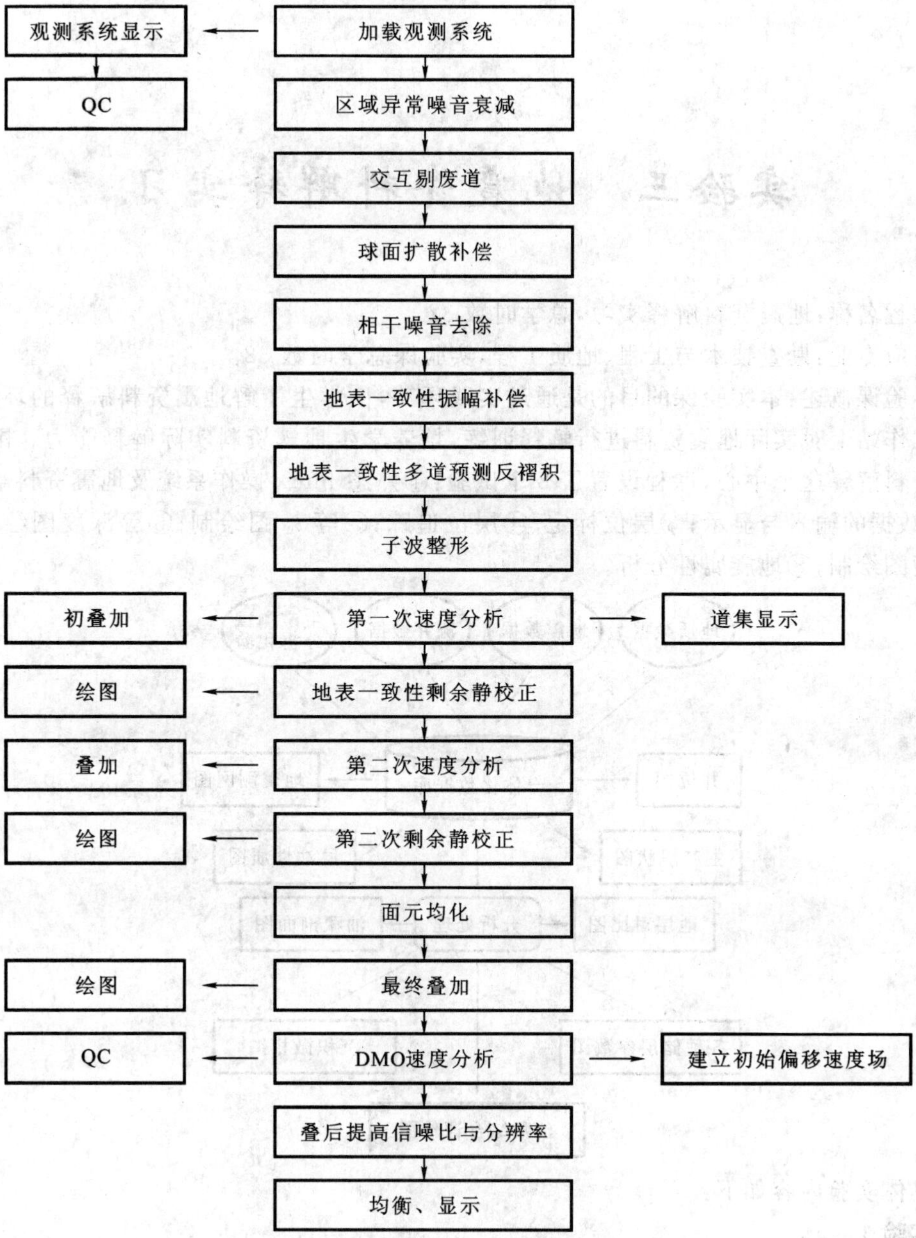

观测系统显示
加载观测系统
QC
区域异常噪音衰减
交互剔废道
球面扩散补偿
相干噪音去除
地表一致性振幅补偿
地表一致性多道预测反褶积
子波整形
初叠加
第一次速度分析
道集显示
绘图
地表一致性剩余静校正
叠加
第二次速度分析
绘图
第二次剩余静校正
面元均化
绘图
最终叠加
QC
DMO速度分析
建立初始偏移速度场
叠后提高信噪比与分辨率
均衡、显示

图 1　典型处理流程

实验三　地震资料解释实习

课程名称：地震资料解释实习，总学时数 32。

适应专业：勘查技术与工程、地质工程，实验课总学时数 32。

实验课概述：本实验课的目的是通过实践环节，使学生了解地震资料解释的环境，通过在工作站上对实际地震资料进行解释训练，培养学生地震资料实际解释能力。围绕着地震资料解释这个中心，课程设置了 8 个试验：①熟悉 linux 操作系统及地震资料解释系统；②数据的输入与显示；③层位标定；④层位追踪；⑤等 t_0 图绘制；⑥等深度图绘制；⑦等厚度图绘制；⑧地震属性分析。

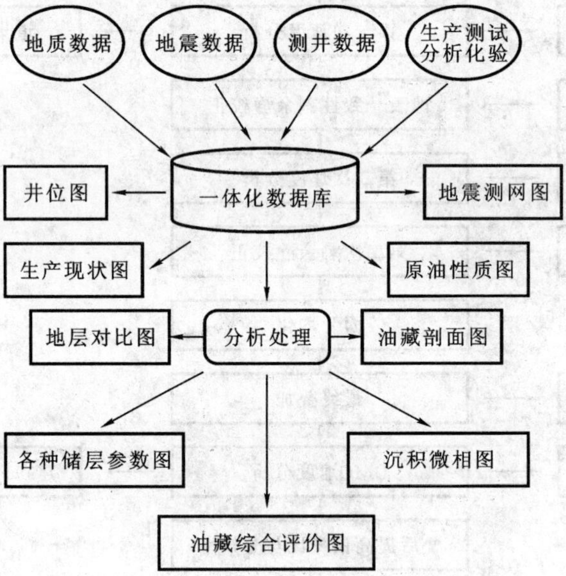

具体实验内容如下：

实验 1

目的：学习如何进行层位标定。

主要内容：

① 输入测井数据、地震数据。

② 合成地震记录。

③ 层位标定。

所用设备：微机工作站、地震资料解释软件。

分组情况：不分组，每人 1 台工作站。

实验 2

目的：学习如何进行层位追踪。

主要内容：

① 剖面对比，解释剖面上的地质层位和地质现象。

② 平面对比，追踪不同剖面上同一反射层位。

所用设备：微机工作站、地震资料解释软件。

分组情况：不分组，每人1台工作站。

实验3

目的：学习如何进行等 t_0 图绘制。

主要内容：

① 等 t_0 图绘制的要素。

② 等 t_0 图的绘制方法。

所用设备：微机工作站、地震资料解释软件。

分组情况：不分组，每人1台工作站。

实验4

目的：学习如何进行等深度图绘制。

主要内容：

① 等深度图绘制的要素。

② 等深度图的绘制方法。

所用设备：微机工作站、地震资料解释软件。

分组情况：不分组，每人1台工作站。

实验5

目的：学习如何进行等厚度图绘制。

主要内容：

① 等厚度图绘制的要素。

② 等厚度图的绘制方法。

所用设备：微机工作站、地震资料解释软件。

分组情况：不分组，每人1台工作站。

实验6

目的：学习如何进行地震属性分析。

主要内容：

① 构造形态描述。

② 地震属性分析。

所用设备：微机工作站、地震资料解释软件。

分组情况：不分组，每人1台工作站。